今すぐ使える かんたん
PowerPoint 2016

Windows 10 / 8.1 / 7 対応版

Imasugu Tsukaeru Kantan Series : PowerPoint 2016

技術評論社

本書の使い方

- 画面の手順解説だけを読めば、操作できるようになる！
- もっと詳しく知りたい人は、両端の「側注」を読んで納得！
- これだけは覚えておきたい機能を厳選して紹介！

特長1 機能ごとにまとまっているので、「やりたいこと」がすぐに見つかる！

● 基本操作 赤い矢印の部分だけを読んで、パソコンを操作すれば、難しいことはわからなくても、あっという間に操作できる！

特長 2
やわらかい上質な紙を使っているので、
開いたら閉じにくい！

● 補足説明
操作の補足的な内容を「側注」にまとめているので、よくわからないときに活用すると、疑問が解決！

 メモ 補足説明
 ヒント 便利な機能
 キーワード 用語の解説
 ステップアップ 応用操作解説
 タッチ タッチ操作
 新機能 新しい機能
 注意 注意事項

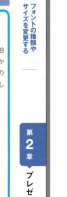

特長 3
大きな操作画面で
該当箇所を囲んでいるので
よくわかる！

本書の使い方

第2章 プレゼンテーションの作成準

目次

第1章 PowerPoint 2016の基本操作

Section 01　PowerPointとは　20
プレゼンテーション用の資料を作成する
プレゼンテーションを実行する

Section 02　プレゼンテーションと1枚企画書　22
プレゼンテーションの特徴
1枚企画書の特徴

Section 03　PowerPoint 2016の新機能　24
共同編集がスムーズに
目的の機能がかんたんに探せる「操作アシスト」
図形のスタイルが豊富に

Section 04　PowerPoint 2016を起動／終了する　26
PowerPoint 2016を起動する
PowerPoint 2016を終了する

Section 05　PowerPoint 2016の画面構成　28
PowerPoint 2016の基本的な画面構成
プレゼンテーションの構成
スライドの表示を切り替える

Section 06　PowerPoint 2016の表示モード　30
表示モードを切り替える
表示モードの種類

Section 07　リボンの基本操作　32
リボンを切り替える
ダイアログボックスを表示する
リボンの表示を切り替える
タッチモードに切り替える

Section 08　操作を元に戻す・やり直す　36
操作を元に戻す・やり直す
操作を繰り返す

Section 09　プレゼンテーションを保存する　38
名前を付けて保存する

Section 10　プレゼンテーションを閉じる　40
プレゼンテーションを閉じる

Section 11　プレゼンテーションを開く　42
<ファイル>タブからプレゼンテーションを開く
エクスプローラーからプレゼンテーションを開く

Section 12　操作に困ったときは?　44
操作アシストを利用する

第2章 プレゼンテーションの作成準備

Section 13　プレゼンテーション作成の基本 46
　タイトルスライドを作成する
　プレゼンテーションのデザインを決める
　スライドを追加・作成する
　スライドに書式を設定する
　スライドの切り替えや順序を設定する

Section 14　新しいプレゼンテーションを作成する 48
　起動直後の画面から新規プレゼンテーションを作成する

Section 15　タイトルのスライドを作成する 50
　プレゼンテーションのタイトルを入力する
　サブタイトルを入力する

Section 16　フォントの種類やサイズを変更する 52
　フォントの種類を変更する
　フォントサイズを変更する

Section 17　フォントの色やスタイルを変更する 54
　フォントの色を変更する
　文字列にスタイルを設定する

Section 18　プレゼンテーションのテーマを変更する 56
　テーマを変更する
　バリエーションを変更する

Section 19　配色や背景を変更する 58
　配色を変更する
　背景のスタイルを変更する
　スライドの背景に画像を設定する

第3章 スライドの追加と作成

Section 20　スライドを追加する 62
　新しいスライドを挿入する
　スライドのレイアウトを変更する

Section 21　スライドの内容を入力する 64
　スライドのタイトルを入力する
　スライドのテキストを入力する

Section 22　ワードアートで文字を装飾する 66
　文字列にワードアートスタイルを設定する
　ワードアートの色を変更する
　ワードアートに効果を設定する

Section 23　段組みを変更する 70
　＜自動調整オプション＞から2段組みにする
　段数と間隔を指定して段組みを設定する

目次

| Section 24 | 段落レベルとインデントを調整する | 72 |

段落レベルを下げる
行頭の位置（インデント）を調整する

| Section 25 | 段落に番号を振る | 74 |

段落番号を設定する

| Section 26 | タブの位置を調整する | 76 |

タブ位置を設定する

| Section 27 | 段落の配置や行の間隔を変更する | 78 |

段落の配置を変更する
行の間隔を変更する

| Section 28 | すべてのスライドに会社名や日付を入れる | 80 |

フッターを挿入する

| Section 29 | スライドマスターで書式を一気に変更する | 82 |

スライドマスター表示に切り替える
スライドマスターで書式を変更する

| Section 30 | すべてのスライドに会社のロゴを入れる | 84 |

会社のロゴの画像ファイルを挿入する

| Section 31 | プレースホルダーを追加する | 86 |

新しいスライドレイアウトを挿入する
プレースホルダーを挿入する

| Section 32 | プレースホルダーの大きさや位置を変更する | 88 |

プレースホルダーの大きさを変更する
プレースホルダーの位置を変更する

| Section 33 | スライドの切り替えにアニメーション効果を設定する | 90 |

画面切り替え効果を設定する
効果のオプションを設定する
画面切り替え効果を確認する
画面切り替え効果を削除する

| Section 34 | スライド切り替えのアニメーション効果を活用する | 94 |

画面切り替え効果のスピードや時間を設定する
スライドが切り替わるときに効果音を出す
画面切り替え効果と活用シーン

| Section 35 | スライドの順序を入れ替える | 98 |

サムネイルウィンドウでスライドの順序を変更する
スライド一覧表示モードでスライドの順序を変更する

| Section 36 | スライドを複製／コピー／削除する | 100 |

プレゼンテーション内のスライドを複製する
他のプレゼンテーションのスライドをコピーする
スライドを削除する

第4章 アウトライン機能を利用したスライドの作成

Section 37　アウトライン機能とは　　106
アウトライン機能を利用したプレゼンテーション作成の流れ
アウトライン表示モードに切り替える

Section 38　プレゼンテーションの全体像を作成する　　108
プレゼンテーションのタイトルを入力する
スライドタイトルを入力する

Section 39　スライドの内容を入力する　　110
プレゼンテーションのサブタイトルを入力する
スライドのテキストを入力する

Section 40　段落レベルを変更する　　112
段落レベルを下げる

Section 41　段落レベルを折りたたむ／展開する　　114
スライドのタイトルだけを表示する
非表示になったテキストを再度表示する

Section 42　スライドの順序を入れ替える　　116
スライドの順序を変更する

Section 43　Wordのアウトラインからスライドを作成する　　118
Word文書にアウトラインレベルを設定する
アウトラインからスライドを作成する

第5章 図形の作成

Section 44　PowerPoint 2016で作成できる図形　　122
さまざまな図形を作成できる
図形に文字列を入力できる
グリッド線を表示する

Section 45　線を描く　　124
直線を描く
曲線を描く

Section 46　矢印を描く　　126
矢印を描く
ブロック矢印を描く

Section 47　図形を描く　　128
既定の大きさの図形を作成する
任意の大きさの図形を作成する

Section 48　複雑な図形を描く　　130
フリーフォームで多角形を描く
コネクタで2つの図形を結合する

目次

Section 49 図形を移動／コピーする　　132
図形を移動する
図形をコピーする

Section 50 図形の大きさや形状を変更する　　134
図形の大きさを変更する
図形の形状を変更する

Section 51 図形を回転／反転する　　136
図形を回転する
図形を反転する

Section 52 図形の線や色を変更する　　138
線の太さを変更する
線や塗りつぶしの色を変更する

Section 53 図形にグラデーションやスタイルを設定する　　140
グラデーションを設定する
スタイルを設定する

Section 54 図形に文字列を入力する　　142
作成した図形に文字列を入力する
テキストボックスを作成して文字列を入力する

Section 55 図形の重なり順を調整する　　144
図形の重なり順を変更する

Section 56 図形の配置を調整する　　146
複数の図形を等間隔に配置する
複数の図形を整列させる

Section 57 図形を結合／グループ化する　　148
複数の図形を結合する
複数の図形をグループ化する

Section 58 SmartArtとは　　150
豊富なレイアウト
SmartArtの使用例

Section 59 SmartArtで図表を作成する　　152
SmartArtを挿入する
SmartArtに文字列を入力する

Section 60 SmartArtに図形を追加する　　154
同じレベルの図形を追加する
レベルの異なる図形を追加する

Section 61 SmartArtのスタイルを変更する　　156
SmartArtのスタイルを変更する
色を変更する

Section 62 テキストをSmartArtに変換する　　158
テキストをSmartArtに変換する
SmartArtをテキストに変換する

| Section 63 | SmartArtを図形に変換する | 160 |

SmartArtを図形に変換する
図形を個別にサイズ変更する

| Section 64 | 既定の図形に設定する | 162 |

図形の既定の書式を変更する

第6章 表やグラフの作成

| Section 65 | 表を作成する | 164 |

表を挿入する
表のスタイルを設定する

| Section 66 | セルに文字を入力する | 166 |

セルに文字を入力する
文字列の配置を調整する

| Section 67 | 行や列を追加／削除する | 168 |

列を追加する
列を削除する

| Section 68 | 行の高さや列の幅を調整する | 170 |

列の幅を調整する
列の幅を揃える

| Section 69 | セルを結合／分割する | 172 |

セルを結合する
セルを分割する

| Section 70 | 罫線の種類や色を変更する | 174 |

罫線の書式を変更する

| Section 71 | 表のサイズや位置を調整する | 176 |

表のサイズを調整する
表の位置を調整する

| Section 72 | Excelの表を挿入する | 178 |

表をそのまま貼り付ける
Excelとリンクした表を貼り付ける

| Section 73 | グラフを作成する | 180 |

作成可能なグラフの種類
グラフの構成要素

| Section 74 | グラフのデータを入力する | 182 |

グラフを挿入する
データを入力する

| Section 75 | グラフの表示項目を調整する | 184 |

グラフ要素の表示／非表示を切り替える
グラフの数値データを表示する

目次

| Section 76 | グラフの軸の設定を変更する | 188 |

グラフの軸の設定を変更する

| Section 77 | グラフのデザインを変更する | 190 |

グラフスタイルを変更する
グラフ全体の色を変更する

| Section 78 | Excelのグラフを貼り付ける | 192 |

Excelのグラフを挿入する

第7章　画像や音楽などの挿入

| Section 79 | 画像を挿入する | 194 |

パソコン内の画像を挿入する

| Section 80 | スクリーンショットを挿入する | 196 |

スクリーンショットを挿入する
指定した領域のスクリーンショットを挿入する

| Section 81 | 挿入した画像をトリミングする | 198 |

トリミングする
形状を決めてトリミングする

| Section 82 | 挿入した画像をレタッチする | 200 |

明るさやコントラストを調整する
シャープネスを調整する
アート効果を設定する

| Section 83 | 挿入した画像の背景を削除する | 204 |

画像の背景を削除する

| Section 84 | 挿入した画像にスタイルを設定する | 206 |

スタイルを設定する
効果を設定する

| Section 85 | 音楽を挿入する | 208 |

パソコン内の音楽を挿入する

| Section 86 | 動画を挿入する | 210 |

パソコン内の動画を挿入する
オンラインの動画を挿入する

| Section 87 | 挿入した動画をトリミングする | 214 |

表示画面をトリミングする
表示時間をトリミングする

| Section 88 | 挿入した動画をレタッチする | 218 |

明るさやコントラストを調整する
スタイルを設定する

| Section 89 | 挿入した動画の音量を調整する | 220 |

音量を調整する
フェードイン／フェードアウトを設定する

| Section 90 | 挿入した動画に表紙を付ける | 222 |

表紙を付ける

| Section 91 | WordやPDFの文書を挿入する | 224 |

スライドにファイルを挿入する

| Section 92 | ハイパーリンクを挿入する | 226 |

ハイパーリンクを挿入する

| Section 93 | 動作設定ボタンを挿入する | 228 |

動作設定ボタンを挿入する

第8章 アニメーションの設定

| Section 94 | テキストや図形にアニメーション効果を設定する | 232 |

アニメーション効果を設定する
アニメーション効果の方向を変更する
アニメーションのタイミングや速度を変更する
アニメーション効果を確認する

| Section 95 | テキストの表示方法を変更する | 236 |

テキストが文字単位で表示されるようにする
一度に表示されるテキストの段落レベルを変更する

| Section 96 | SmartArtにアニメーションを設定する | 240 |

SmartArtにアニメーションを設定する

| Section 97 | グラフにアニメーションを設定する | 242 |

グラフ全体にアニメーション効果を設定する
グラフの項目表示にアニメーションを設定する

| Section 98 | 指定した動きでアニメーションさせる | 246 |

アニメーションの軌跡を設定する
アニメーションの軌跡を描く

| Section 99 | アニメーション効果をコピーする | 250 |

アニメーション効果をコピーする

| Section 100 | アニメーション効果を活用する | 252 |

テキストをシンプルに行頭から表示させる
文字が拡大表示されたあとに暗くなって消えるようにする
文字を点滅させて強調する
円グラフを時計回りに表示させる
エンドロールのようにテキストを表示させる

第9章 プレゼンテーションの実行

| Section 101 | プレゼンテーション実行の流れ | 256 |

プレゼンテーションの準備を行う
スライドショーを実行する

目次

Section 102	発表者用のメモをノートに入力しておく	258

ノートウィンドウにノートを入力する
ノート表示モードに切り替える

Section 103	スライドショーにナレーションを付けておく	260

ナレーションを録音する

Section 104	スライド切り替えのタイミングを設定しておく	262

リハーサルを行って切り替えのタイミングを設定する

Section 105	スライドを印刷しておく	264

スライドを1枚ずつ印刷する
1枚に複数のスライドを配置して印刷する

Section 106	ノートを印刷しておく	268

ノートを印刷する

Section 107	発表者ツールを使ってスライドショーを実行する	270

発表者ツールを実行する
スライドショーを実行する

Section 108	スライドショーを進行する	272

スライドショーを進行する

Section 109	実行中のスライドにペンで書き込む	274

実行中のスライドにペンで書き込む

Section 110	スライドショー実行時の応用テクニック	276

発表中の音声を録音する
スライドショーの途中で黒または白の画面を表示する
強調したい部分を拡大表示する
特定のスライドに表示を切り替える
スライドショーを自動的に繰り返す
必要なスライドだけを使ってスライドショーを実行する

Section 111	スライドショー実行時のトラブルシューティング	282

スライドショーが表示されない場合は？
アニメーションが再生されない場合は？
動画が再生されない場合は？
PowerPointが反応しなくなった場合は？
PowerPointが起動しなくなった場合は？
ファイルが破損していた場合は？

Section 112	オンラインでプレゼンテーションを行う	286

オンラインプレゼンテーションをアップロードする
オンラインプレゼンテーションを実行する

第10章 プレゼンテーション資料の配布

Section 113	プレゼンテーションをPDFで配布する	292

PDFで保存する

| Section 114 | プレゼンテーションをムービーで配布する | 294 |

プレゼンテーションのビデオを作成する
ビデオを再生する

| Section 115 | プレゼンテーションパックを配布する | 296 |

プレゼンテーションパックを作成する
PowerPoint Viewerをインストールする
プレゼンテーションパックを実行する

| Section 116 | OneDriveに保存してプレゼンテーションを共有する | 302 |

OneDriveに保存する
ユーザーを招待する
共有されたファイルを表示する

| Section 117 | スマートフォンやタブレットとプレゼンテーションを共有する | 306 |

iPhoneでプレゼンテーションを閲覧する
iPhoneでプレゼンテーションを編集する

Appendix 1 テーマやテンプレートの保存 308
Appendix 2 1枚企画書の作成 310
Appendix 3 リボンのカスタマイズ 312
Appendix 4 クイックアクセスツールバーのカスタマイズ 314
索引 316

ご注意：ご購入・ご利用の前に必ずお読みください

- 本書に記載された内容は、情報提供のみを目的としています。したがって、本書を用いた運用は、必ずお客様自身の責任と判断によって行ってください。これらの情報の運用の結果について、技術評論社および著者はいかなる責任も負いません。
- ソフトウェアに関する記述は、特に断りのないかぎり、2015年9月現在での最新情報をもとにしています。これらの情報は更新される場合があり、本書の説明とは機能内容や画面図などが異なってしまうことがあり得ます。あらかじめご了承ください。
- 本書の内容は、Windows 10 および PowerPoint 2016 Preview Update 2 で検証を行っています。そのため、製品版とは一部画面や手順が異なる場合があります。あらかじめご了承ください。
- インターネットの情報については、URLや画面などが変更されている可能性があります。ご注意ください。

以上の注意事項をご承諾いただいた上で、本書をご利用願います。これらの注意事項をお読みいただかずに、お問い合わせいただいても、技術評論社および著者は対処しかねます。あらかじめご承知おきください。

■本書に掲載した会社名、プログラム名、システム名などは、米国およびその他の国における登録商標または商標です。本文中では™、®マークは明記していません。

パソコンの基本操作

- 本書の解説は、基本的にマウスを使って操作することを前提としています。
- お使いのパソコンのタッチパッド、タッチ対応モニターを使って操作する場合は、各操作を次のように読み替えてください。

1 マウス操作

▼クリック（左クリック）

クリック（左クリック）の操作は、画面上にある要素やメニューの項目を選択したり、ボタンを押したりする際に使います。

マウスの左ボタンを1回押します。

タッチパッドの左ボタン（機種によっては左下の領域）を1回押します。

▼右クリック

右クリックの操作は、操作対象に関する特別なメニューを表示する場合などに使います。

マウスの右ボタンを1回押します。

タッチパッドの右ボタン（機種によっては右下の領域）を1回押します。

▼ ダブルクリック

ダブルクリックの操作は、各種アプリを起動したり、ファイルやフォルダーなどを開く際に使います。

マウスの左ボタンをすばやく2回押します。

タッチパッドの左ボタン（機種によっては左下の領域）をすばやく2回押します。

▼ ドラッグ

ドラッグの操作は、画面上の操作対象を別の場所に移動したり、操作対象のサイズを変更する際などに使います。

マウスの左ボタンを押したまま、マウスを動かします。目的の操作が完了したら、左ボタンから指を離します。

タッチパッドの左ボタン（機種によっては左下の領域）を押したまま、タッチパッドを指でなぞります。目的の操作が完了したら、左ボタンから指を離します。

メモ　ホイールの使い方

ほとんどのマウスには、左ボタンと右ボタンの間にホイールが付いています。ホイールを上下に回転させると、Webページなどの画面を上下にスクロールすることができます。そのほかにも、Ctrlを押しながらホイールを回転させると、画面を拡大／縮小したり、フォルダーのアイコンの大きさを変えることができます。

2 利用する主なキー

3 タッチ操作

▼タップ

画面に触れてすぐ離す操作です。ファイルなど何かを選択する時や、決定を行う場合に使用します。マウスでのクリックに当たります。

▼ダブルタップ

タップを2回繰り返す操作です。各種アプリを起動したり、ファイルやフォルダーなどを開く際に使用します。マウスでのダブルクリックに当たります。

▼ホールド

画面に触れたまま長押しする操作です。詳細情報を表示するほか、状況に応じたメニューが開きます。マウスでの右クリックに当たります。

▼ドラッグ

操作対象をホールドしたまま、画面の上を指でなぞり上下左右に移動します。目的の操作が完了したら、画面から指を離します。

▼スワイプ／スライド

画面の上を指でなぞる操作です。ページのスクロールなどで使用します。

▼フリック

画面を指で軽く払う操作です。スワイプと混同しやすいので注意しましょう。

▼ピンチ／ストレッチ

2本の指で対象に触れたまま指を広げたり狭めたりする操作です。拡大（ストレッチ）／縮小（ピンチ）が行えます。

▼回転

2本の指先を対象の上に置き、そのまま両方の指で同時に右または左方向に回転させる操作です。

サンプルファイルのダウンロード

● 本書で使用しているサンプルファイルは、以下のURLのサポートページからダウンロードすることができます。ダウンロードしたときは圧縮ファイルの状態なので、展開してから使用してください。

http://gihyo.jp/book/2015/978-4-7741-7696-3/support

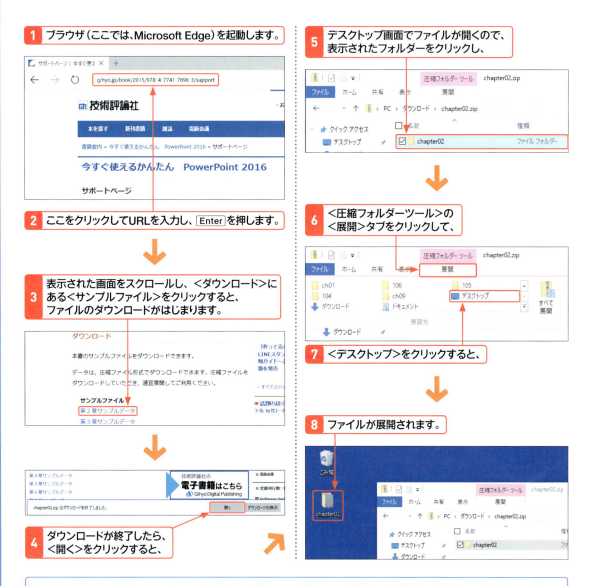

サンプルファイルのファイル名には、Section番号が付いています。「sec15.pptx」というファイル名はSection 15のサンプルファイルであることを示しています。また、「sec15_after.pptx」のようにファイル名のあとに「after」の文字があるファイルは、操作後のファイルです。なお、Sectionの内容によってはサンプルファイルがない場合もあります。

Chapter 01

第1章

PowerPoint 2016の基本操作

Section		
	01	PowerPointとは
	02	プレゼンテーションと1枚企画書
	03	PowerPoint 2016の新機能
	04	PowerPoint 2016を起動／終了する
	05	PowerPoint 2016の画面構成
	06	PowerPoint 2016の表示モード
	07	リボンの基本操作
	08	操作を元に戻す・やり直す
	09	プレゼンテーションを保存する
	10	プレゼンテーションを閉じる
	11	プレゼンテーションを開く
	12	操作に困ったときは？

Section 01 PowerPointとは

覚えておきたいキーワード
- PowerPoint
- プレゼンテーション
- Office

PowerPoint は、プレゼンテーションにおいて、スクリーンなどに映し出す資料を作成するためのアプリケーションです。PowerPoint を利用すると、グラフや表、アニメーションなどを利用して、「より視覚に訴える」プレゼンテーション用の資料を作成することができます。

1 プレゼンテーション用の資料を作成する

キーワード プレゼンテーション

「プレゼンテーション」は、企画やアイデアなどの特定のテーマを、相手に伝達する手法のことです。一般的には、伝えたい情報に関する資料を提示し、それに合わせて口頭で発表します。

プレゼンテーションの構成を考える

標準表示モードにすると、サムネイルを確認しながらプレゼンテーションを作成できます（第2、3章参照）。

アウトライン表示モードにすると、プレゼンテーションの構成を把握できます（第4章参照）。

視覚に訴える資料を作成する

キーワード PowerPoint 2016

PowerPoint は、プレゼンテーションの準備から発表までの作業を省力化し、相手に対して効果的なプレゼンテーションを行うためのアプリケーションです。
「PowerPoint 2016」は、マイクロソフトのビジネスソフトの統合パッケージである「Office」に含まれるソフトです。単体の製品としても販売されているほか、市販のパソコンにあらかじめインストールされていることもあります。

図表やグラフ、表などをかんたんに作成できます。

2 プレゼンテーションを実行する

アニメーションで効果的に

アニメーションを設定して、
画面を切り替えたり、
テキストを表示したりできます。

メモ 動きのあるプレゼンテーションに

PowerPointでは、画面を切り替えるときや、テキスト、グラフなどを表示させるときに、アニメーションの設定が可能です。
動きのあるプレゼンテーションで、参加者の注意をひきつけることができます。

メモ 音楽や動画も再生できる

PowerPointでは、プレゼンテーション実行時に音楽や動画を再生することもできます。

メモ プレゼンテーション実行の操作もかんたん

PowerPointでは、発表者用のツールを使って、かんたんに画面を切り替えたり、テキストを表示させたりすることができます。

Section 02 プレゼンテーションと1枚企画書

覚えておきたいキーワード
- ☑ プレゼンテーション
- ☑ 1枚企画書
- ☑ スライドショー

PowerPointでは、複数のスライドから構成される「プレゼンテーション」と、1枚のスライドからなる「1枚企画書」を作成できます。どちらもメリット、デメリットがあるので、使用目的に応じて選びます。このセクションでは、それぞれの特徴を解説します。

1 プレゼンテーションの特徴

メモ プレゼンテーションのメリット

大勢の人の前で話しながらプロジェクターでスライドショーを映すときは、プレゼンテーションが向いています。スライドを1枚ずつ表示するので、見ている人は結論が気になってひきつけられます。
スライドが切り替わるときや、文字やオブジェクトが表示されるときには、動きを付けることもできます。
また、画像や図表、グラフなどを使って視覚的にわかりやすく伝えられるほか、音楽や動画を再生することもできます。

大きく見やすい

テキストのフォントサイズが大きく、テキスト量も少ないので見やすいです。

スライドショー

スライドが次々に表示されるスライドショーを実行できます。

メモ プレゼンテーションのデメリット

プレゼンテーションは、印刷して配布する用途にはあまり向いていません。スライドの枚数が多ければ印刷コストもかかるためです。
また、プレゼンテーションではテキストの分量が少ないため、スライドショーで使用するスライドをそのまま配布資料として印刷しても、読み込む資料としては物足りないものになります。

アニメーション｜テキストやオブジェクトに動きを付けるアニメーションを設定できます。

メモ プレゼンテーションと1枚企画書

本書では、プレゼンテーションの作成を中心に解説していきます。1枚企画書については、P.310のAppendix 2を参照してください。

2 1枚企画書の特徴

1枚企画書は、ひと目で全体の構成・流れを把握できます。

メモ 1枚企画書のメリット

印刷して配布する用途には、1枚企画書が向いています。1枚なので、印刷コストも抑えられます。
また、企画書全体の構成・流れがひと目でわかるので、結論を早く伝えたい場合や、前の項目を再度確認したいときなどにもおすすめです。

メモ 1枚企画書のデメリット

大勢の前でスライドを映しながらスライドショーをする場合には、当然1枚企画書は向いていません。
また、情報量が多い場合や、画像を豊富に利用したい場合、動画を見せたい場合などにも、1枚企画書はおすすめできません。

Section 03 PowerPoint 2016の新機能

覚えておきたいキーワード
- 共有
- 操作アシスト
- グラフ

PowerPoint 2016 では、共有機能が強化され、共有しているユーザーと編集中のユーザーを作業ウィンドウで確認したり、スムーズに共同編集したりできるようになりました。また、「操作アシスト」機能が追加され、キーワードを入力すると、関連する機能を検索・実行することができます。

1 共同編集がスムーズに

共同編集が使いやすく

PowerPoint 2016 では、ほかのユーザーとのプレゼンテーションの共同編集機能が使いやすくなりました。

OneDrive に保存したプレゼンテーションは、オンラインで共有され、複数のユーザーと同時に編集することができます。新たに追加された<共有>作業ウィンドウでは、ほかのユーザーを招待したり、共有状態を確認したりすることができます（Sec.116 参照）。

現在編集中のユーザー数が表示され、クリックすると<共有>作業ウィンドウを表示できます。

ユーザーを招待してファイルを共有できます。

共有しているユーザー、編集中のユーザーを確認できます。

ほかのユーザーが編集すると表示され、クリックすると更新できます。

共有リンクを取得できます。

ほかのユーザーの編集内容が反映されます。

2 目的の機能がかんたんに探せる「操作アシスト」

新機能　操作アシスト

PowerPoint 2016のウィンドウ右上に＜操作アシスト＞が追加されました。ボックスにキーワードを入力すると、キーワードに関連した機能が検索結果として表示され、目的の操作をクリックすると実行できます（Sec.12参照）。

3 図形のスタイルが豊富に

新機能　図形のスタイルの強化

PowerPoint 2016では、あらかじめ用意されている＜図形のスタイル＞（P.141参照）に、塗りつぶしの色が透明なものや半透明のものが追加されました。

新機能　PowerPoint 2016のそのほかの新機能

新機能	概要
既定のテーマの変更	Officeテーマに＜カラフル＞が追加され、既定が＜白＞から＜カラフル＞に変わりました。
画像の自動回転	画像を挿入すると、撮影したカメラの向きに合わせて画像が自動的に回転します。
インク数式	ドラッグして手書きした数式を、テキストに変換できるようになりました。
グラフの種類の追加	グラフの種類に、ツリーマップ、サンバースト、ヒストグラム、箱ひげ図、ウォーターフォールが追加されました。

Section 04 PowerPoint 2016を起動／終了する

覚えておきたいキーワード
- 起動
- 終了
- スタートメニュー

PowerPoint 2016 を起動するには、スタートメニューの＜すべてのアプリ＞を利用するか、プレゼンテーションファイルのアイコンをダブルクリックします。スタートメニューから起動すると、プレゼンテーションのテーマを選択する画面が表示されます。作業が終わったら、PowerPoint 2016 を終了します。

1 PowerPoint 2016 を起動する

メモ ＜よく使うアプリ＞から起動する

スタートメニューの＜よく使うアプリ＞に＜PowerPoint 2016＞が表示されている場合は、それをクリックしても起動できます。

メモ ファイルアイコンをダブルクリックして起動する

デスクトップやフォルダーのウィンドウに表示されている、PowerPoint で作成したファイルのアイコンをダブルクリックすると、PowerPoint 2016 が起動し、そのファイルを開くことができます。

1. Windows 10を起動して、
2. ＜スタート＞をクリックし、
3. ＜すべてのアプリ＞をクリックして、

ステップアップ スタート画面やタスクバーから起動できるようにする

手順 4 で＜PowerPoint 2016＞を右クリックして、＜スタート画面にピン留めする＞をクリックすると、スタート画面に PowerPoint 2016 のタイルが表示されます。以降、そのタイルをクリックすることで、PowerPoint 2016 が起動できます。
また、右クリックして＜タスクバーにピン留めする＞をクリックすると、タスクバーに PowerPoint 2016 のアイコンが表示されます。以降、そのアイコンをクリックすることで、PowerPoint 2016 が起動できます。

4. ＜PowerPoint 2016＞をクリックすると、

5 PowerPoint 2016が起動します。

6 <新しいプレゼンテーション>をクリックすると、

7 新規プレゼンテーションが作成されます。

メモ ライセンス認証の手続きが必要

ライセンス認証の手続きを行っていない状態でPowerPoint 2016を起動すると、ライセンス認証の画面が表示されることがあります。その場合、画面の指示に従ってライセンス認証の手続きを行う必要があります。

2 PowerPoint 2016を終了する

1 <閉じる> をクリックすると、

2 PowerPoint 2016が終了します。

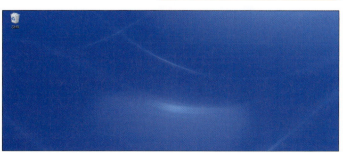

ヒント プレゼンテーションを保存していない場合

プレゼンテーションの作成や編集を行っていた場合に、ファイルを保存しないでPowerPoint 2016を終了しようとすると、確認のメッセージが表示されます。

保存せずに終了します。

保存して終了します。

終了を取り消します。

Section 05 PowerPoint 2016の画面構成

覚えておきたいキーワード
☑ コマンド
☑ タブ
☑ リボン

PowerPoint 2016の画面上部には、コマンドが機能ごとにまとめられ、タブをクリックして切り替えることができます。また、左側にはスライドの表示を切り替える「サムネイルウィンドウ」、画面中央にはスライドを編集する「スライドウィンドウ」が表示されます。

1 PowerPoint 2016の基本的な画面構成

PowerPoint 2016での基本的な作業は、下図の状態の画面で行います。ただし、作業によっては、タブが切り替わったり、必要なタブが新しく表示されたりします。

名 称	機 能
クイックアクセスツールバー	よく使う機能を1クリックで利用できるボタンです。
リボン	PowerPoint 2003以前のメニューとツールボタンの代わりになる機能です。コマンドがタブによって分類されています。
タイトルバー	作業中のプレゼンテーションのファイル名が表示されます。
スライドウィンドウ	スライドを編集するための領域です。
サムネイルウィンドウ	すべてのスライドの縮小版(サムネイル)が表示される領域です。
ステータスバー	作業中のスライド番号や表示モードの変更ボタンが表示されます。
ズームスライダー	画面の表示倍率を変更できます。

2 プレゼンテーションの構成

プレースホルダー
（タイトル）

プレースホルダー
（コンテンツ）

キーワード　プレゼンテーション・スライド・プレースホルダー

PowerPoint 2016では、それぞれのページを「スライド」と呼び、スライドの集まり（1つのファイル）を「プレゼンテーション」と呼びます。
また、スライド上には、タイトルやテキスト（文字列）、グラフ、画像などを挿入するための枠が配置されています。この枠を「プレースホルダー」と呼びます。

3 スライドの表示を切り替える

すべてのスライドの
サムネイルが表示されます。

1 目的のスライドを
クリックすると、

メモ　スライドの表示

ウィンドウ左側のサムネイルウィンドウには、プレゼンテーションを構成するすべてのスライドのサムネイルが表示されます。
表示したいスライドのサムネイルをクリックすると、スライドウィンドウにスライドが表示されます。

2 クリックしたスライドが
スライドウィンドウに表示されます。

Section 06 PowerPoint 2016の表示モード

覚えておきたいキーワード
- ☑ 表示モード
- ☑ 標準表示モード
- ☑ アウトライン表示モード

PowerPoint 2016には、プレゼンテーションのさまざまな表示モードが用意されています。初期設定の「標準表示モード」では、ウィンドウの左側にスライドのサムネイルの一覧が表示され、右側に編集対象となるスライドが大きく表示されます。作業内容に応じて、表示モードを切り替えることができます。

1 表示モードを切り替える

メモ　表示モードの切り替え

表示モードを切り替えるには、＜表示＞タブの＜プレゼンテーションの表示＞グループから、目的の表示モードをクリックします。

1 ＜表示＞タブをクリックして、

2 目的の表示モードをクリックすると、表示モードが変わります。

2 表示モードの種類

キーワード　標準表示モード

スライドウィンドウとスライドのサムネイルが表示されている状態を「標準表示モード」といいます。通常のスライドの編集は、この状態で行います。

標準表示モード

アウトライン表示モード

スライド一覧表示モード

ノート表示モード

右下の「メモ」参照。

閲覧表示モード

Section 06 PowerPointの表示モード

キーワード　アウトライン表示モード

「アウトライン表示モード」では、左側にすべてのスライドのテキストだけが表示されます。スライド全体の構成を参照しながら、編集することができます。

キーワード　スライド一覧表示モード

「スライド一覧表示モード」では、プレゼンテーション全体の構成の確認や、スライドの移動が行えます。

キーワード　ノート表示モード

「ノート表示モード」では、発表者用のメモを確認・編集できます。

キーワード　閲覧表示モード

「閲覧表示モード」では、スライドショーをウィンドウで表示できます。

メモ　ステータスバーから表示モードを切り替える

ウィンドウ右下のボタンをクリックしても、表示モードを切り替えることができます。

Section 07 リボンの基本操作

覚えておきたいキーワード
- ☑ リボン
- ☑ コマンド
- ☑ タブ

「リボン」には、操作を行う「コマンド」がまとめられています。リボンの「タブ」をクリックすることで、表示を切り替えます。作業領域をなるべく広くしたいときは、リボンを非表示にしたり、タブだけ表示したりできます。また、タッチ操作をしやすくするための「タッチモード」に切り替えることもできます。

1 リボンを切り替える

メモ リボンの切り替え

別のタブに配置されているコマンドを利用したい場合は、目的のタブをクリックして切り替えます。
なお、タブに配置されているコマンドのうち、使用できないものは薄いモノトーンで表示されます。

ヒント リボンの表示が違う?

リボンの表示は、ウィンドウの横幅によって本書と表示が異なる場合があります。具体的には、アイコンの大きさが変わったり、文字の表示がなくなったりすることがあります。

2 ダイアログボックスを表示する

メモ ダイアログボックスの表示

リボンに表示されているコマンドでは行えない詳細な設定は、ダイアログボックスを利用します。おもなダイアログボックスは、各タブのグループ名の右下にあるダイアログボックス起動ツール をクリックして表示することができます。
なお、<ホーム>タブの<図形描画>グループのように、作業ウィンドウが表示されるものもあります。

4 <フォント>ダイアログボックスが表示されます。

メモ リボンのカスタマイズ

リボンに表示されるコマンドは、カスタマイズすることができます。詳しくは、P.312のAppendix 3を参照してください。

3 リボンの表示を切り替える

1 <リボンの表示オプション>をクリックして、

2 目的の表示方法をクリックします。

メモ リボンの表示の切り替え

スライドウィンドウをできるだけ大きく表示したい場合は、リボンを非表示にしたり、タブだけを表示したりすることができます。
リボンの表示の切り替えは、ウィンドウ右上の<リボンの表示オプション>から行えます。<リボンを自動的に非表示にする>もしくは<タブの表示>を選択した場合の動作は、次ページを参照してください。
なお、本書では、<タブとコマンドの表示>の状態で解説を行っています。

メモ リボンを自動的に非表示にする

P.33 手順②で<リボンを自動的に非表示にする>をクリックすると、タブとコマンドが非表示になります。ウィンドウ上部にマウスポインターを合わせると、右図のように色が変わります。クリックすると、タブとコマンドが表示されるので、コマンドを実行します。リボン以外の部分をクリックすると、タブとコマンドが非表示になります。

<リボンを自動的に非表示にする>

① ウィンドウの上部をクリックすると、

② タブとコマンドが表示されます。

③ リボン以外をクリックすると、

④ リボンが非表示になります。

<タブの表示>

① タブをクリックすると、

メモ タブの表示

P.33 手順②で<タブの表示>をクリックすると、コマンドが非表示になり、タブだけが表示されます。タブをクリックすると、コマンドが表示されるので、コマンドを実行します。

2 コマンドが表示されます。

 3 リボン以外をクリックすると、

4 コマンドが非表示になります。

4 タッチモードに切り替える

1 ＜タッチ/マウスモードの切り替え＞をクリックして、

2 ＜タッチ＞をクリックすると、

3 タッチモードに切り替わり、コマンドの間隔が広がります。

メモ タッチモードへの切り替え

PowerPoint 2016 には、コマンドの間隔が広くなり、タッチ操作がしやすくなる「タッチモード」が用意されています。画面の小さいタブレットなどでの操作に最適です。

タッチモードからマウスモードに戻るには、左図で＜マウス＞をクリックします。

また、＜タッチ / マウスモードの切り替え＞ が表示されていない場合は、P.314 の方法で表示することができます。

なお、本書ではマウスモードで解説を行っています。

Section 08 操作を元に戻す・やり直す

覚えておきたいキーワード
- ☑ 元に戻す
- ☑ やり直し
- ☑ 繰り返し

操作を誤ってしまい、取り消して元に戻したい場合は、クイックアクセスツールバーの<元に戻す>をクリックします。元に戻したあと、<やり直し>をクリックすると、取り消した操作をやり直すことができます。また、<繰り返し>をクリックすると、直前の操作を繰り返すことができます。

1 操作を元に戻す・やり直す

ステップアップ 複数の操作を元に戻す

クイックアクセスツールバーの<元に戻す>
の をクリックし、表示される操作の履歴の一覧から取り消したい操作をクリックすると、複数の操作を元に戻すことができます。

1 <元に戻す>のここをクリックして、

2 取り消す操作をクリックします。

ステップアップ 元に戻す操作の数を変更する

元に戻せる操作の最大数は、既定では20に設定されていますが、変更することも可能です。<ファイル>タブの<オプション>をクリックして、<PowerPointのオプション>をクリックします。<詳細設定>をクリックして、<元に戻す操作の最大数>に数値を入力し、<OK>をクリックします。

1 文字列を入力し、

2 クイックアクセスツールバーの<元に戻す>をクリックすると、

3 文字列の入力が取り消され、元に戻ります。

4 <やり直し>をクリックすると、

> **メモ ショートカットキーの利用**
>
> Ctrl を押しながら Z を押しても、直前の操作を取り消して元に戻すことができます。
> また、Ctrl を押しながら Y を押しても、操作をやり直すことができます。

5 元に戻した操作が再度実行され、文字列が表示されます。

2 操作を繰り返す

1 フォントの色を変更し、

> **メモ ショートカットキーの利用**
>
> Ctrl を押しながら Y を押すか、F4 を押しても、直前の操作を繰り返すことができます。

2 プレースホルダーをクリックして選択し、

3 クイックアクセスツールバーの<繰り返し>をクリックすると、

4 直前の操作が適用され、フォントの色が変わります。

> **ヒント 繰り返しができない?**
>
> 表の挿入や SmartArt の挿入など、操作によっては、繰り返すことができません。

Section 09 プレゼンテーションを保存する

覚えておきたいキーワード
- ☑ 名前を付けて保存
- ☑ 上書き保存
- ☑ 拡張子

作成したプレゼンテーションをファイルとして保存しておくと、あとから何度でも利用することができます。また、名前を付けて保存したり、更新した内容を上書き保存したりするだけでなく、PowerPoint 2003 以前の旧バージョン形式で保存することも可能です。

1 名前を付けて保存する

メモ ショートカットキーの利用

F12 を押しても、P.39 手順 5 の＜名前を付けて保存＞ダイアログボックスが表示されます。

1 ＜ファイル＞タブをクリックして、

ヒント 上書き保存するには？

ファイルを上書き保存するには、クイックアクセスツールバーの＜上書き保存＞ をクリックするか、＜ファイル＞タブをクリックして＜上書き保存＞をクリックします。

2 ＜名前を付けて保存＞をクリックし、

3 ＜このPC＞をクリックして、

4 ＜ドキュメント＞をクリックします。

ヒント OneDrive に保存するには？

マイクロソフトが提供するオンラインストレージサービス「OneDrive」に保存する場合は、手順 3 で＜OneDrive-個人用＞をクリックします（Sec.116 参照）。

Section 09 プレゼンテーションを保存する

5 <名前を付けて保存>ダイアログボックスが表示されるので、

6 保存先のフォルダーを指定し、

7 ファイル名を入力して、

8 <PowerPointプレゼンテーション(*.pptx)>が選択されていることを確認し、

9 <保存>をクリックすると、

10 入力したファイル名で保存されます。

ヒント 旧バージョンの ppt 形式で保存するには？

プレゼンテーションファイルをPowerPoint 2003以前のファイル形式（ppt形式）で保存するには、<名前を付けて保存>ダイアログボックスの<ファイルの種類>で<PowerPoint 97-2003プレゼンテーション（.ppt）>を選択します。

ただし、PowerPoint 2007以降の新機能のいくつかは、PowerPoint 97-2003形式で使用できません。そのため、PowerPoint 97-2003形式で保存しようとすると、互換性チェックが自動的に行われ、下記のような画面が表示される場合があります。

1 旧バージョンでサポートされない機能を確認し、

2 <続行>をクリックすると、ファイルが保存されます。

メモ ファイルの拡張子

「拡張子」とは、ファイルの種類を識別するために、ファイル名のあとに付けられる文字列のことで、「.」（ピリオド）で区切られます。本書では、すべてのファイルの拡張子を表示する設定にしています。拡張子を表示する設定にしておくと、タイトルバーのファイル名のあとに、拡張子が表示されます。

Windows 10で拡張子を表示するには、エクスプローラーの<表示>タブをクリックして、<ファイル名拡張子>をオンにします。

1 <表示>タブをクリックして、

2 <ファイル名拡張子>をオンにします。

Section 10 プレゼンテーションを閉じる

覚えておきたいキーワード
- ☑ 閉じる
- ☑ 終了
- ☑ 保存

プレゼンテーションの編集を終えて、ほかのプレゼンテーションの作業を行う場合は、編集の終わったプレゼンテーションを閉じます。プレゼンテーションを閉じても、PowerPoint 2016 は終了しないので、続けてほかのプレゼンテーションの作業を進めることができます。

1 プレゼンテーションを閉じる

メモ ショートカットキーの利用

Ctrl を押しながら W を押しても、プレゼンテーションを閉じることができます。

1 <ファイル>タブをクリックして、

2 <閉じる>をクリックすると、

3 プレゼンテーションが閉じます。

メモ 複数のプレゼンテーションを開いている場合

複数のプレゼンテーションを開いている場合は、ウィンドウ右上の＜閉じる＞ ✕ をクリックしても、現在作業中のプレゼンテーションだけを閉じることができます。

また、タスクバーの PowerPoint 2016 のアイコンをポイントすると、現在開いているプレゼンテーションのサムネイルが表示されるので、閉じるプレゼンテーションのサムネイルをポイントし、✕ をクリックしても、プレゼンテーションを閉じることができます。

1 ここをポイントして、

2 閉じるプレゼンテーションをポイントし、

3 ここをクリックします。

ヒント プレゼンテーションを保存しないで閉じると?

変更を加えたプレゼンテーションを保存しないで閉じようとすると、右図が表示されます。

ファイルを保存する場合は＜保存＞を、保存しない場合は＜保存しない＞を、プレゼンテーションを閉じないで作業に戻る場合は＜キャンセル＞をクリックします。

なお、まだ保存していない新規プレゼンテーションの場合、＜保存＞をクリックすると、＜名前を付けて保存＞ダイアログボックス（P.39 参照）が表示されます。

Section 11 プレゼンテーションを開く

覚えておきたいキーワード
- ☑ 開く
- ☑ 履歴
- ☑ エクスプローラー

プレゼンテーションを開くには、<ファイル>タブの<開く>から、目的のフォルダーやプレゼンテーションを選択します。また、エクスプローラーで、目的のプレゼンテーションが保存されているフォルダーを開き、目的のプレゼンテーションをダブルクリックしても開くことができます。

1 <ファイル>タブからプレゼンテーションを開く

ヒント <ファイルを開く>ダイアログボックスの利用

手順③で<参照>をクリックすると、<ファイルを開く>ダイアログボックスが表示され、プレゼンテーションが保存されている場所や、プレゼンテーションを選択して開くことができます。

1 <ファイル>タブをクリックして、

2 <開く>をクリックし、

3 <このPC>をクリックして、

メモ 履歴からプレゼンテーションを開く

<ファイル>タブの左下には、最近使ったプレゼンテーションの履歴が表示されます。その中から、目的のプレゼンテーションをクリックして開くこともできます。
また、手順③で<最近使ったアイテム>をクリックしても、最近使ったプレゼンテーションが表示されます。

左の「メモ」参照。

4 目的のフォルダーをクリックし、

2 エクスプローラーからプレゼンテーションを開く

 メモ エクスプローラーから開く

左の手順でエクスプローラーから開くと、PowerPoint 2016を事前に起動していなくても、プレゼンテーションを開くことができます。

Section 12 操作に困ったときは?

覚えておきたいキーワード
- ☑ 操作アシスト
- ☑ ヘルプ
- ☑ スマート検索

PowerPoint 2016 には、新しく「操作アシスト」の機能が追加され、キーワードを入力して、目的の機能を実行できるようになりました。また、キーワードに関するヘルプを参照したり、「スマート検索」を使って Web の検索結果を参照することもできます。

1 操作アシストを利用する

 操作アシスト

PowerPoint 2016 には、キーワードから機能を検索・実行したり、ヘルプやスマート検索の結果を参照したりできる「操作アシスト」の機能が追加されました。

1 <操作アシスト>にキーワードを入力すると、

2 関連する機能の一覧が表示されるので、

メモ 操作アシストで操作を実行する

機能によっては、<操作アシスト>にキーワードを入力する前に、オブジェクトを選択するなどの操作が必要になります。

3 目的の機能(ここでは、フォントの変更操作)をクリックすると、実行されます。

 ヘルプやスマート検索を参照するには?

キーワードを入力して、<" ○○ " のヘルプを参照>をクリックすると、キーワードに関するヘルプを参照できます。
また、<" ○○ " に関するスマート検索>をクリックすると、ウィキペディア、イメージ検索、Web 検索などの結果が画面右に表示されます。

Chapter 02

第2章

プレゼンテーションの作成準備

Section
- 13 プレゼンテーション作成の基本
- 14 新しいプレゼンテーションを作成する
- 15 タイトルのスライドを作成する
- 16 フォントの種類やサイズを変更する
- 17 フォントの色やスタイルを変更する
- 18 プレゼンテーションのテーマを変更する
- 19 配色や背景を変更する

Section 13 プレゼンテーション作成の基本

覚えておきたいキーワード
☑ タイトルスライド
☑ テーマ
☑ 書式

このセクションでは、プレゼンテーションを作成する流れを解説します。新規プレゼンテーションを作成すると、「タイトルスライド」が1枚だけ挿入されているので、プレゼンテーションのタイトルを入力します。そのあとスライドを追加して、テキストを入力し、書式を設定します。

1 タイトルスライドを作成する

 メモ　タイトルスライドの作成

新規プレゼンテーションを作成すると、「タイトルスライド」が1枚だけ挿入された状態で表示されます。タイトルスライドには、プレゼンテーションのタイトルとサブタイトルを入力します（Sec.14～15参照）。

タイトルスライドに、プレゼンテーションのタイトルとサブタイトルを入力します。

2 プレゼンテーションのデザインを決める

 メモ　テーマとバリエーションの設定

「テーマ」と「バリエーション」を設定して、プレゼンテーション全体のデザインを決めます（Sec.18参照）。テーマを変更すると、レイアウトが崩れる場合があるので、ほかのスライドを追加する前にテーマを確定させます。テーマの配色パターンやフォントパターンだけを変更したり、背景を変更したりすることも可能です（Sec.19参照）。第2章では、プレゼンテーションの作成準備としてここまで解説しています。

テーマやバリエーションを設定して、プレゼンテーション全体のデザインを決めます。

3 スライドを追加・作成する

スライドを追加して、各スライドのタイトルとテキストを入力します。

 メモ スライドの追加

第3章では、各スライドの作成方法について解説しています。まずは、スライドを追加して（Sec.20参照）、各スライドのタイトルとテキストを入力します（Sec.21参照）。

4 スライドに書式を設定する

書式を設定し、プレゼンテーション全体に会社のロゴやスライド番号などを挿入します。

 メモ 書式の設定

作成したスライドに対して、文字の書式（Sec.16～17参照）や、段落の書式（Sec.25～27参照）を変更します。
プレゼンテーション全体にかかわる書式は、スライドマスターを利用して設定します（Sec.29～32参照）。
また、プレゼンテーション全体にスライド番号や日付などを挿入します（Sec.28参照）。

5 スライドの切り替えや順序を設定する

スライドが切り替わるときのアニメーションを設定します。

 メモ スライドの切り替えや順序の設定

すべてのスライドが完成したら、スライドを切り替えるときのアニメーションを設定します（Sec.33～34参照）。
また、必要に応じて、スライドの順序を入れ替えたり、削除したりします（Sec.35～36参照）。

Section 14 新しいプレゼンテーションを作成する

覚えておきたいキーワード
- ☑ テーマ
- ☑ バリエーション
- ☑ スライドサイズ

新規プレゼンテーションを作成するには、はじめにスライドのデザインを決めます。デザインやフォントが設定された「テーマ」と、テーマごとにカラーや画像などが異なる「バリエーション」が用意されています。新規プレゼンテーションの作成は、起動直後の画面か、＜ファイル＞タブから行います。

1 起動直後の画面から新規プレゼンテーションを作成する

キーワード テーマ

「テーマ」は、スライドのデザインをかんたんに整えることのできる機能です。
テーマはあとからでも変更することができます（P.56 参照）。

ヒント サンプルファイルのダウンロード

各機能を実際に試してみたい場合は、本書で使用しているサンプルファイルをダウンロードして利用することができます（P.18 参照）。

1 PowerPointを起動して（P.26参照）、

2 目的のテーマ（ここでは、＜インテグラル＞）をクリックし、

ヒント 起動後に新規プレゼンテーションを作成するには？

すでに PowerPoint を起動している場合に、新規プレゼンテーションを作成するには、＜ファイル＞タブをクリックして、＜新規＞をクリックしてから、テーマを選択します。右ページ手順 3 の画面が表示されるので、バリエーションを選択し、＜作成＞をクリックします。

1 ＜ファイル＞タブの＜新規＞をクリックし、

2 目的のテーマをクリックします。

Section 14 新しいプレゼンテーションを作成する

3 目的のバリエーションをクリックして、

キーワード　バリエーション

テーマには、カラーや画像などのデザインが異なる「バリエーション」が用意されています。バリエーションもあとから変更することができます（P.57参照）。

4 <作成>をクリックすると、

5 新規プレゼンテーションが作成されます。

メモ　オブジェクトの配色

手順**3**の画面で<その他のイメージ>の◀▶をクリックすると、グラフやSmartArtなどの配色を確認できます。

クリックすると、グラフなどの配色を確認できます。

ヒント　スライドサイズの縦横比を変更するには？

スライドは、ワイド画面対応の16：9の縦横比で作成されます。スライドサイズの縦横比を4：3に変更したい場合は、<デザイン>タブの<スライドのサイズ>をクリックし、<標準（4：3）>をクリックします。
右のような図が表示された場合は、<最大化>または<サイズに合わせて調整>をクリックします。

<最大化>または<サイズに合わせて調整>をクリックします。

第2章 プレゼンテーションの作成準備

Section 15 タイトルのスライドを作成する

覚えておきたいキーワード
- ☑ タイトルスライド
- ☑ プレースホルダー
- ☑ タイトル

新規プレゼンテーションを作成すると（Sec.14参照）、タイトル用のタイトルスライドが1枚だけ挿入されています。まずはタイトルスライドのプレースホルダーに、プレゼンテーションのタイトルとサブタイトルを入力します。プレースホルダーをクリックすると、文字列を入力できます。

1 プレゼンテーションのタイトルを入力する

メモ　タイトルの入力

スライドタイトルには、プレゼンテーションのタイトルとサブタイトルを入力するためのプレースホルダーが用意されています。
プレースホルダーをクリックすると、文字列を入力できます。

1 新規プレゼンテーションを作成し（Sec.14参照）、

2 タイトル用のプレースホルダーの内側をクリックすると、

タッチ　文字列の入力

タッチ操作で文字列を入力する場合は、プレースホルダーをダブルタップします。カーソルが表示されるので、文字列を入力します。

プレースホルダーをダブルタップして、文字列を入力します。

3 プレースホルダー内にカーソルが表示されます。

メモ プレースホルダー内の改行

文字数が多くなると、自動的に文字列が複数行になります。任意の位置で改行したい場合は、Enterを押して改行します。

2 サブタイトルを入力する

ヒント サブタイトルを入力しない場合は？

サブタイトルを入力しないなどの理由でプレースホルダーが不要な場合は、プレースホルダーの枠線をクリックして選択し、Deleteを押してプレースホルダーを削除します。

Section 16 フォントの種類やサイズを変更する

覚えておきたいキーワード
- ☑ フォント
- ☑ フォントサイズ
- ☑ ミニツールバー

スライドに入力した文字列は、フォントの種類やサイズを変更して、見やすくすることができます。文字列の書式は、プレースホルダー全体の文字列に対しても、プレースホルダー内の一部の文字列に対しても、設定できます。文字列の書式を変更するには、＜ホーム＞タブを利用します。

1 フォントの種類を変更する

メモ 文字列の選択

手順❶のようにプレースホルダーを選択すると、プレースホルダー全体の文字列の書式を変更することができます。
また、文字列をドラッグして選択すると、選択した文字列のみの書式を変更することができます。

1 プレースホルダーの枠線をクリックしてプレースホルダーを選択し、

メモ フォントの種類はテーマによって異なる

あらかじめ設定されているフォントの種類は、テーマ（P.56参照）によって異なります。テーマのフォントパターン（P.59「ステップアップ」参照）は、日本語用の見出しのフォントと本文のフォント、英数字用の見出しのフォントと本文のフォントによって構成されています。

2 ＜ホーム＞タブをクリックして、

3 ＜フォント＞のここをクリックし、

4 目的のフォントをクリックすると、

ステップアップ プレゼンテーション全体のフォントの種類の変更

プレゼンテーションのすべてのスライドタイトルや本文のフォントの種類を変更したい場合は、スライドを1枚1枚編集するのではなく、テーマのフォントパターンを変更します（P.59「ステップアップ」参照）。

5 フォントが変更されます。

2 フォントサイズを変更する

1 プレースホルダーの枠線をクリックしてプレースホルダーを選択し、

2 <ホーム>タブをクリックして、

3 <フォントサイズ>のここをクリックし、

4 目的のフォントサイズをクリックすると、

5 フォントサイズが変更されます。

メモ フォントサイズの変更

<ホーム>タブの<フォントサイズ>では、8ポイントから96ポイントまでのサイズの中から選択できます。また、<フォントサイズ>のボックスに直接数値を入力し、Enterを押しても、フォントサイズを指定できます。

メモ ミニツールバーの利用

文字列を選択すると、すぐ右上にミニツールバーが表示されます。ミニツールバーを利用しても、書式を設定できます。

ステップアップ プレゼンテーション全体のフォントサイズの変更

プレゼンテーションのすべてのスライドタイトルや本文のフォントサイズを変更したい場合は、スライドを1枚1枚編集するのではなく、スライドマスターを変更します（P.83参照）。

Section 17 フォントの色やスタイルを変更する

覚えておきたいキーワード
- フォントの色
- 色の設定
- スタイル

スライドに入力した文字列は色を変更したり、太字や斜体、影などのスタイルを設定したりすることができます。これらの書式は、＜ホーム＞タブの＜フォント＞グループで設定します。重要な文字列は目立たせることで、より効果的なプレゼンテーションを作成することができます。

1 フォントの色を変更する

メモ フォントの色の変更

フォントの色は、＜ホーム＞タブの＜フォントの色＞ の をクリックして表示されるパネルで色を指定します。
なお、文字列を選択して＜フォントの色＞ の をクリックすると、直前に選択した色を繰り返し設定することができます。

ヒント その他のフォントの色を設定するには？

＜フォントの色＞ の をクリックすると表示されるパネルには、スライドに設定されたテーマの配色と、標準の色10色だけが用意されています。
その他の色を設定するには、手順4で＜その他の色＞をクリックして＜色の設定＞ダイアログボックス（下図参照）を表示し、＜標準＞タブで目的の色を選択します。

1 プレースホルダーの枠線をクリックしてプレースホルダーを選択し、

2 ＜ホーム＞タブをクリックして、

3 ＜フォントの色＞のここをクリックし、

4 目的の色をクリックすると、

5 フォントの色が変更されます。

2 文字列にスタイルを設定する

1 プレースホルダーの枠線をクリックして プレースホルダーを選択し、

2 ＜ホーム＞タブをクリックして、

3 ＜文字の影＞をクリックすると、

4 文字列に影が付きます。

メモ スタイルの設定

文字列の強調などを目的として、「太字」や「斜体」、「下線」などを設定することができますが、これは文字書式の一種で「スタイル」と呼ばれます。
スタイルの設定は、＜ホーム＞タブの＜太字＞、＜斜体＞、＜下線＞、＜文字の影＞、＜取り消し線＞で行えます（下図参照）。なお、＜文字の影＞以外のスタイルの設定は＜フォント＞ダイアログボックス（下の「ステップアップ」参照）でも行えます。

ステップアップ ＜フォント＞ダイアログボックスの利用

フォントの種類や文字のサイズなどの書式をまとめて設定するには、＜ホーム＞タブの＜フォント＞グループのダイアログボックス起動ツールをクリックして＜フォント＞ダイアログボックスを表示します（P.32～33参照）。
ここでは、下線のスタイルや色、上付き文字など、＜ホーム＞タブにない書式も設定することができます。

Section 18 プレゼンテーションのテーマを変更する

覚えておきたいキーワード
- ☑ テーマ
- ☑ バリエーション
- ☑ 配色

プレゼンテーションのテーマを変更すると、デザインが変更され、イメージを一新することができます。また、バリエーションを変更すると、配色やデザインの画像などが変更されます。なお、すでにオブジェクトを配置している場合、変更後のテーマによっては、レイアウトがくずれてしまう場合があります。

1 テーマを変更する

ヒント　白紙のテーマを適用するには？

画像などが使用されていない白紙のテーマを適用したい場合は、手順❸で＜Officeテーマ＞をクリックします。

＜Officeテーマ＞をクリックします。

メモ　特定のスライドのみテーマを変える

右の手順に従うと、すべてのスライドのテーマが変更されます。選択しているスライドのみのテーマを変更する場合は、手順❸の画面で目的のテーマを右クリックし、＜選択したスライドに適用＞をクリックします。

❶ ＜デザイン＞タブをクリックして、

❷ ＜テーマ＞グループのここをクリックし、

❸ 目的のテーマ（ここでは、＜レトロスペクト＞）をクリックすると、

4 テーマが変更されます。

> **メモ 配色が変更される**
>
> テーマを変更すると、プレゼンテーションの配色も変更され、スライド上のテキストや図形の色が変更されます。
> ただし、テーマにあらかじめ設定されている配色以外の色を設定しているテキストや図形の色は変更されません。

2 バリエーションを変更する

1 <デザイン>タブの<バリエーション>グループのここをクリックして、

2 目的のバリエーションをクリックすると、

> **メモ 特定のスライドのみバリエーションを変更する**
>
> 左の手順に従うと、すべてのスライドのバリエーションが変更されます。選択しているスライドのみのバリエーションを変更する場合は、手順**2**の画面で目的のバリエーションを右クリックし、<選択したスライドに適用>をクリックします。

3 バリエーションが変更されます。

Section 19 配色や背景を変更する

覚えておきたいキーワード
- 配色パターン
- フォントパターン
- 背景のスタイル

テーマやバリエーションには、配色パターンが用意されていますが、テーマはそのままで配色だけを変更することができます。また、スライドの背景のスタイルがいくつか用意されており、違う色やグラデーションのものなどに変更することができます。

1 配色を変更する

 メモ　配色の変更

テーマにはそれぞれの配色パターンが用意されており、＜フォントの色＞（P.54 参照）や図形の＜塗りつぶしの色＞（P.139 参照）などの色を設定するときの一覧に表示されています。配色パターンは変更することができ、プレゼンテーションの色使いを一括して変換したい場合などに利用できます。

1. ＜デザイン＞タブをクリックして、
2. ＜バリエーション＞グループのここをクリックし、

 ステップアップ　オリジナルの配色パターンの作成

配色パターンは、自分で自由に色を組み合わせてオリジナルのものを作成できます。その場合は、手順4で＜色のカスタマイズ＞をクリックすると、下図が表示されるので、色を設定して、配色パターンの名前を入力し、＜保存＞をクリックします。

3. ＜配色＞をポイントして、
4. 目的の配色パターン（ここでは、＜デザート＞）をクリックすると、

5 配色が変更されます。

2 背景のスタイルを変更する

1 <デザイン>タブをクリックして、

2 <バリエーション>グループのここをクリックし、

3 <背景のスタイル>をポイントして、

4 目的の背景のスタイル（ここでは、<スタイル1>）をクリックすると、

5 背景のスタイルが変更されます。

ステップアップ　フォントパターンの変更

テーマを変更すると、フォントの組み合わせも変更されます。テーマはそのままでフォントの組み合わせだけを変更する場合は、手順**3**の画面で<フォント>をポイントし、目的のフォントパターンをクリックします。また、<フォントのカスタマイズ>をクリックすると、オリジナルのフォントパターンを作成できます。

メモ　背景のスタイルの変更

スライドの背景の色やグラデーションなどは、変更することができます。背景のスタイルの一覧に目的の背景のスタイルがない場合は、手順**4**で<背景の書式設定>をクリックします。<背景の書式設定>作業ウィンドウが表示されるので、塗りつぶしの色やグラデーションの色などを設定します。

Section 19 配色や背景を変更する

第2章 プレゼンテーションの作成準備

3 スライドの背景に画像を設定する

ステップアップ 文字が見づらい場合は?

スライドの背景に画像を設定すると、文字が見づらくなることがあります。その場合は、＜背景の書式設定＞作業ウィンドウで＜透明度＞を調整すると、画像が薄くなり、文字が見やすくなります。

＜透明度＞を変更します。

1 ＜デザイン＞タブの＜背景の書式設定＞をクリックして、
2 ＜塗りつぶし（図またはテクスチャ）＞をクリックし、
3 ＜ファイル＞をクリックします。

4 画像が保存された場所を指定して、
5 目的の画像をクリックし、
6 ＜挿入＞をクリックすると、

7 背景に画像が設定されます。

ヒント すべてのスライドの背景に適用するには?

すべてのスライドの背景に画像を設定するには、＜背景の書式設定＞作業ウィンドウの＜すべてに適用＞をクリックします。

Chapter 03

第3章

スライドの追加と作成

Section	20	スライドを追加する
	21	スライドの内容を入力する
	22	ワードアートで文字を装飾する
	23	段組みを変更する
	24	段落レベルとインデントを調整する
	25	段落に番号を振る
	26	タブの位置を調整する
	27	段落の配置や行の間隔を変更する
	28	すべてのスライドに会社名や日付を入れる
	29	スライドマスターで書式を一気に変更する
	30	すべてのスライドに会社のロゴを入れる
	31	プレースホルダーを追加する
	32	プレースホルダーの大きさや位置を変更する
	33	スライドの切り替えにアニメーション効果を設定する
	34	スライド切り替えのアニメーション効果を活用する
	35	スライドの順序を入れ替える
	36	スライドを複製／コピー／削除する

Section 20 スライドを追加する

覚えておきたいキーワード
- ☑ 新しいスライド
- ☑ レイアウト
- ☑ コンテンツ

タイトルスライドを作成したら、新しいスライドを追加します。スライドには、さまざまなレイアウトが用意されており、スライドを追加するときにレイアウトを選択したり、あとから変更したりすることができます。新しいスライドは、サムネイルウィンドウで選択しているスライドの次に挿入されます。

1 新しいスライドを挿入する

メモ　スライドの挿入

スライドの挿入は、＜ホーム＞タブの＜新しいスライド＞のほか、＜挿入＞タブの＜新しいスライド＞からも行うことができます。

1. サムネイルウィンドウで、スライドを追加したい位置の前にあるスライドをクリックし、

メモ　レイアウトの種類

手順3で表示されるレイアウトの種類は、プレゼンテーションに設定しているテーマによって異なります。
なお、オリジナルで新しいレイアウトを作成することもできます（Sec.31 参照）。

2. ＜ホーム＞タブをクリックして、
3. ＜新しいスライド＞のここをクリックし、
4. 目的のレイアウト（ここでは、＜2つのコンテンツ＞）をクリックすると、

キーワード　コンテンツ

「コンテンツ」とは、スライドに配置するテキスト、表、グラフ、SmartArt、図、ビデオのことです。手順4でコンテンツを含むレイアウトを選択すると、コンテンツを挿入できるプレースホルダーが配置されているスライドが挿入されます。

5 選択したレイアウトのスライドが挿入されます。

> **ヒント** 前回選択したレイアウトのスライドを挿入するには？
>
> ＜ホーム＞タブの＜新しいスライド＞のアイコン部分 をクリックすると、前回選択したレイアウトと同じレイアウトのスライドが挿入されます。
> ただし、1枚目のスライド挿入時にこの操作を行うと、＜タイトルスライド＞のレイアウトが適用されます。

2 スライドのレイアウトを変更する

1 目的のスライドをクリックして、
2 ＜ホーム＞タブをクリックし、

3 ＜レイアウト＞をクリックして、
4 目的のレイアウト（ここでは、＜タイトルとコンテンツ＞）をクリックすると、

5 スライドレイアウトが変更されます。

> **メモ** レイアウトの変更
>
> スライドのレイアウトの変更は、文字列を入力したあとでも行うことができます。

Section 21 スライドの内容を入力する

覚えておきたいキーワード
- ☑ タイトル
- ☑ コンテンツ
- ☑ テキスト

スライドを追加したら、スライドにタイトルとテキストを入力します。ここでは、Sec.20で挿入した＜タイトルとコンテンツ＞のレイアウトのスライドに入力していきます。テキストを入力したら、必要に応じてフォントの種類やサイズ、色などの書式を変更します（Sec.16～17参照）。

1 スライドのタイトルを入力する

メモ　スライドのタイトルの入力

「タイトルを入力」と表示されているプレースホルダーには、そのスライドのタイトルを入力します。プレースホルダーをクリックすると、カーソルが表示されるので、文字列を入力します。

1 タイトル用のプレースホルダーの内側をクリックすると、

2 カーソルが表示されるので、

3 タイトルを入力します。

2 スライドのテキストを入力する

1 文字列を入力し、 **2** Tabを押すと、

3 スペースができるので、 **4** 文字列を入力します。

5 Enterを押すと、

6 段落が変わるので、

7 同様に文字列を入力し、

右の「ヒント」参照。

8 他のテキストも入力します。

メモ テキストの入力

「テキストを入力」と表示されているプレースホルダーには、そのスライドの内容となるテキストを入力します。プレゼンテーションに設定されているテーマによっては、行頭に●や■などの箇条書きの行頭記号が付く場合があります。
また、コンテンツ用のプレースホルダーには、表やグラフ、画像などを挿入することもできます。

メモ タブの利用

Tabを押すと、スペースができます。手順 **3** の画面のように、項目名と内容を同じ行に入力したい場合、タブを使ってスペースをつくり、タブの位置を調整することで、内容の左端を揃えることができます（Sec.26参照）。

ヒント フォントサイズが小さくなった？

プレースホルダーに入力するテキストの行数が多いと、既定ではプレースホルダーに収まるように、フォントサイズが自動的に小さくなります。プレースホルダーの左下に表示される＜自動調整オプション＞をクリックすると、2段組みに変更する、2つのスライドに分割するなどの対処方法を選択できます（P.70参照）。

メモ 書式の設定

テキストを入力したら、必要に応じて、フォントの種類、サイズ、色などの書式を設定します。文字列の書式の変更については、Sec.16～17を参照してください。

Section 22 ワードアートで文字を装飾する

覚えておきたいキーワード
- ワードアート
- 文字の塗りつぶし
- 文字の効果

PowerPointには、デザイン効果を加えて文字を作成できる「ワードアート」という機能があります。あらかじめ登録されているスタイルの中から好みのものを選択するだけで、デザインされたタイトルロゴなどがかんたんに作成できます。また、文字の塗りつぶしの色や枠線の色は、あとから変更できます。

1 文字列にワードアートスタイルを設定する

キーワード　ワードアート

「ワードアート」とは、デザインされた文字を作成するための機能、またはその機能を使って作成された文字そのもののことです。ワードアートで作成された文字の色や効果などは、あとから変更することができます。

1. プレースホルダーの枠線をクリックして選択し、
2. <描画ツール>の<書式>タブをクリックして、
3. <ワードアートのスタイル>グループのここをクリックし、

メモ　テキストへのワードアートスタイルの適用

ワードアートスタイルは、プレースホルダー全体のテキストにも、一部の文字列にも適用することができます。文字列の一部だけにスタイルを適用するには、目的の文字列をドラッグして選択し、手順②以降の操作を行います。

4. 目的のスタイルをクリックすると、

5 ワードアートスタイルが適用されます。

ヒント ワードアートスタイルを削除するには？

ワードアートスタイルを削除して、通常のテキストに戻すには、ワードアートをクリックして選択し、＜描画ツール＞の＜書式＞タブの＜ワードアートのスタイル＞の一覧から＜ワードアートのクリア＞をクリックします。

メモ ワードアートを挿入する

スライドに配置されているプレースホルダー以外の部分にワードアートを挿入したい場合は、＜挿入＞タブの＜ワードアート＞を利用します。

なお、この方法でワードアートを挿入した場合、ワードアートの文字列は、アウトライン表示モード（P.107参照）の左側のウィンドウには表示されません。

1 ＜挿入＞タブの＜ワードアート＞をクリックして、

2 目的のスタイルをクリックすると、

3 ワードアートが挿入されるので、

4 文字列を入力します。

2 ワードアートの色を変更する

ヒント ワードアートの輪郭の色を変更するには？

ワードアートの文字の輪郭の色を変更するには、＜描画ツール＞の＜書式＞タブの＜文字の輪郭＞をクリックして、目的の色をクリックします。

 プレースホルダーの枠線をクリックしてワードアートを選択し、

2 ＜描画ツール＞の＜書式＞タブをクリックして、

3 ＜文字の塗りつぶし＞のここをクリックし、

 目的の色をクリックすると、

5 ワードアートの文字の塗りつぶしの色が変更されます。

ヒント ワードアートのフォントやサイズを変更するには？

ワードアートのフォントの種類やフォントサイズは、通常のプレースホルダーのテキストと同様、＜ホーム＞タブで変更できます（Sec.16参照）。

3 ワードアートに効果を設定する

1 プレースホルダーの枠線をクリックしてワードアートを選択し、

2 ＜描画ツール＞の＜書式＞タブをクリックして、

3 ＜文字の効果＞をクリックし、

4 ＜影＞をポイントして、

5 目的の影の種類をクリックすると、

6 ワードアートに影が設定されます。

メモ 文字の効果の設定

＜描画ツール＞の＜書式＞タブの＜文字の効果＞からは、影、反射、光彩、面取り、3-D 回転、変形の6種類の効果を設定できます。

ステップアップ 影のオプションの設定

影の色や透明度、角度などのオプションを設定するには、ワードアートを選択し、＜描画ツール＞の＜書式＞タブの＜文字の効果＞をクリックして、＜影＞をポイントし、＜影のオプション＞をクリックします。＜図形の書式設定＞作業ウィンドウが表示されるので、目的の項目を設定します。

＜影＞のオプションを設定できます。

Section 23 段組みを変更する

覚えておきたいキーワード
- 段組み
- 自動調整オプション
- 間隔

テキストは、複数の段組みにすることができます。テキストの行数が多くて＜自動調整オプション＞が表示されている場合は、そこから2段組みに変更することができます。また、＜ホーム＞タブの＜段の追加または削除＞からも段組みを設定できます。

1 ＜自動調整オプション＞から2段組みにする

メモ ＜自動調整オプション＞の利用

テキストの量が多く、プレースホルダーに収まらなくなると、既定ではフォントサイズが調整され、プレースホルダーの左下に＜自動調整オプション＞ が表示されます（P.65「ヒント」参照）。
＜自動調整オプション＞ をクリックして、＜スライドを2段組に変更する＞をクリックすると、テキストが2段組みに変更されます。

1 プレースホルダーの内側をクリックして、
2 ＜自動調整オプション＞をクリックし、
3 ＜スライドを2段組に変更する＞をクリックすると、

4 プレースホルダーのテキストが2段組みに変更されます。

ステップアップ テキストを2つのスライドに分割する

テキストの量が多くてプレースホルダーに収まらない場合、手順3で＜テキストを2つのスライドに分割する＞をクリックすると、テキストを2つのスライドに分けることができます。

2 段数と間隔を指定して段組みを設定する

1 プレースホルダーの枠線をクリックして選択し、

2 <ホーム>タブの<段の追加または削除>をクリックして、

3 <段組みの詳細設定>をクリックします。

4 段数を入力して、

5 段の間隔を入力し、

6 <OK>をクリックすると、

7 段組みが設定されます。

メモ 段組みの設定

<段組み>ダイアログボックスを利用すると、段数と間隔を指定して段組みを設定することができます。
また、手順3で<2段組み>または<3段組み>をクリックしても段組みを設定できますが、その場合、間隔を指定することはできません。

ヒント 段組みを元に戻すには？

複数の段組みを1段組みに戻すには、<ホーム>タブの<段の追加または削除>をクリックし、<1段組み>をクリックします。

ステップアップ テキストを縦書きにする

テキストを縦書きにするには、プレースホルダーをクリックして選択し、<ホーム>タブの<文字列の方向>をクリックして、<縦書き>または<縦書き（半角文字含む）>をクリックします。

1 <ホーム>タブの<文字列の方向>をクリックして、

2 <縦書き>または<縦書き（半角文字含む）>をクリックします。

Section 24 段落レベルとインデントを調整する

覚えておきたいキーワード
- インデント
- 段落レベル
- ルーラー

テキストは、段落レベルを設定して階層構造にすることができます。行頭の位置（インデント）を変更する方法としては、段落レベルを下げるか、段落レベルを変更せずに行頭の位置を調整します。後者の場合は、ルーラーを表示して、インデントマーカーの位置を調整します。

1 段落レベルを下げる

メモ 離れた文字列を同時に選択する

離れた文字列を同時に選択するには、Ctrlを押しながら目的の文字列を順にドラッグします。

1 目的の段落をドラッグして選択し、
2 Ctrlを押しながら離れた段落をドラッグして選択し、

メモ 段落レベルの設定

PowerPointでは、テキストに段落レベルを設定することができます。スライドマスターを利用すると（Sec.29参照）、プレゼンテーション全体の段落レベルごとの書式を変更することができます。

3 ＜ホーム＞タブをクリックして、
4 ＜インデントを増やす＞をクリックすると、
5 段落レベルが下がります。

ヒント 段落レベルを上げるには？

テキストの段落レベルを上げるには、目的の段落を選択し、＜ホーム＞タブの＜インデントを減らす＞ をクリックします。

2 行頭の位置（インデント）を調整する

キーワード　ルーラー

「ルーラー」とは、スライドウィンドウの上側・左側に表示される目盛のことです。インデントの調整や、タブ位置の調整（Sec.26 参照）に利用します。ルーラーは、＜表示＞タブの＜ルーラー＞のオン／オフで、表示／非表示を切り替えることができます。

キーワード　インデントマーカー

ルーラーを表示して、段落を選択すると、ルーラーにインデントマーカーが表示されます。インデントマーカーには次の3種類があり、ドラッグして位置を調整できます。

名称	機能
1行目のインデント	テキストの1行目の位置（箇条書きまたは段落番号が設定されている場合は行頭記号または番号の位置）を示しています。
ぶら下げインデント	テキストの2行目の位置（箇条書きまたは段落番号が設定されている場合は1行目のテキストの位置）を示しています。
左インデント	1行目のインデントとぶら下げインデントの間隔を保持しながら、両方を調整できます。

Section 25 段落に番号を振る

覚えておきたいキーワード
- ☑ 段落番号
- ☑ 箇条書き
- ☑ 行頭記号

段落には、「1．2．3．」や「Ⅰ．Ⅱ．Ⅲ．」のような段落番号や、「A．B．C．」のようなアルファベットを付けることができます。また、行頭記号の付いた箇条書きも設定できます。段落番号や箇条書きは、＜ホーム＞タブの＜段落番号＞または＜箇条書き＞から設定します。

1 段落番号を設定する

メモ 離れた文字列を同時に選択する

離れた文字列を同時に選択するには、Ctrlを押しながら目的の文字列を順にドラッグします。

1 目的の段落をドラッグして選択し、

2 Ctrlを押しながら離れた段落をドラッグして選択し、

3 ＜ホーム＞タブの＜段落番号＞のここをクリックして、

4 ＜箇条書きと段落番号＞をクリックします。

メモ 段落番号の設定

段落番号を設定するには、手順❷の画面で、一覧から目的の段落番号をクリックするか、＜箇条書きと段落番号＞をクリックします。＜箇条書きと段落番号＞ダイアログボックスでは、段落番号の色やサイズ、開始番号を設定できます。

ヒント 開始番号を変更するには？

段落番号を1以外の数字から開始するには、P.74 手順④の画面の＜開始＞に開始番号を入力します。

ヒント 段落番号を解除するには？

設定した段落番号を解除するには、目的の段落を選択し、＜ホーム＞タブの＜段落番号＞ の をクリックします。

ヒント 行頭記号付きの箇条書きを設定するには？

行頭記号の付いた箇条書きを設定するには、＜ホーム＞タブの＜箇条書き＞ の をクリックして、目的の行頭記号をクリックします。一覧に表示される行頭記号の種類は、プレゼンテーションに設定されているテーマやバリエーションによって異なります。
また、右図で＜箇条書きと段落番号＞をクリックすると、＜箇条書きと段落番号＞ダイアログボックスが表示され、一覧以外の行頭記号を設定したり、行頭記号の色やサイズを変更したりすることができます。

Section 26 タブの位置を調整する

覚えておきたいキーワード
- ☑ タブ
- ☑ タブ位置
- ☑ ルーラー

段落中の文字を任意の位置で揃えたい場合は、タブを利用すると便利です。タブ位置の調整は、ルーラーを表示して行います。タブの種類には、左揃え、中央揃え、右揃え、小数点揃えの4種類があり、ルーラーの左上をクリックすることで、タブの種類を切り替えることができます。

1 タブ位置を設定する

メモ タブの入力

空白となる部分には、あらかじめ、Tab を押してタブを入力しておきます（P.65 参照）。

1 ルーラーを表示して（P.73参照）、

2 タブを入力しておきます（P.65参照）。

メモ 既定のタブ位置

プレースホルダーのテキストには、既定のタブ位置が設定されており、通常はそこで文字列が揃えられます。右の手順に従うと、既定のタブ位置以外に、任意の場所にタブ位置を設定できます。

既定のタブ位置

3 タブ位置を設定する段落をドラッグして選択し、

4 タブの種類が左揃えタブになっていることを確認して（下の「メモ」参照）、

5 揃えたい位置でルーラーをクリックすると、

6 タブマーカーが表示され、

7 指定した位置で文字が揃えられます。

ヒント　タブ位置を変更するには？

タブ位置を設定したあとに、タブ位置を調整したい場合は、ルーラー上のタブマーカー L を目的の位置までドラッグします。

ヒント　タブ位置を解除するには？

タブ位置を解除するには、タブマーカー L をルーラーの外側へドラッグします。

メモ　タブの種類

タブの種類は、左揃えタブ L のほかに、中央揃えタブ ⊥ 、右揃えタブ ⊥ 、小数点揃えタブ ⊥ があります。タブの種類は、ルーラーの左上をクリックして切り替えることができます（手順 4 参照）。

中央揃えタブ ⊥	会長　　　近藤 副会長　　大河内
右揃えタブ ⊥	男性　　　101名 女性　　　　98名
小数点揃えタブ ⊥	はい　　56.28％ いいえ　40.52％ 無回答　　2.2％

Section 27 段落の配置や行の間隔を変更する

覚えておきたいキーワード
☑ 中央揃え
☑ 右揃え
☑ 行間

段落の左右の配置は、左揃え、中央揃え、右揃え、両端揃え、均等配置に設定することができます。また、テキストの行数が少なくて、プレースホルダーに余白が多い場合は、行の間隔を広げると、バランスがよくなります。これらの設定は、＜ホーム＞タブの＜段落＞グループから行います。

1 段落の配置を変更する

メモ 段落の配置

プレースホルダー内の段落の左右の配置は、次の5種類から設定できます。

＜左揃え＞
東京都新宿区西新宿9-9-9

＜中央揃え＞
東京都新宿区西新宿9-9-9

＜右揃え＞
東京都新宿区西新宿9-9-9

＜両端揃え＞
東京都新宿区西新宿9-9-9

＜均等割り付け＞
東京都新宿区西新宿9-9 - 9

1 プレースホルダーの枠線をクリックして選択し、

2 ＜ホーム＞タブをクリックして、

3 ＜中央揃え＞をクリックすると、

4 段落が中央揃えに変更されます。

2 行の間隔を変更する

1 プレースホルダーの枠線をクリックして選択し、

ヒント 一部の行間を変更するには？

左の手順では、プレースホルダー全体の行間を変更しています。一部の段落の行間を変更する場合は、目的の段落をドラッグして選択します。

2 ＜ホーム＞タブをクリックして、 **3** ＜行間＞をクリックし、

4 目的の行間をクリックすると、

5 行間が変更されます。

ステップアップ ＜段落＞ダイアログボックスの利用

行間を詳細に設定したい場合は、手順**4**で＜行間のオプション＞をクリックします。＜段落＞ダイアログボックスが表示されるので、行間を設定します。また、段落前や段落後の間隔も設定できます。

行間を設定できます。

段落前と段落後の間隔を設定できます。

Section 28 すべてのスライドに会社名や日付を入れる

覚えておきたいキーワード
- ☑ フッター
- ☑ スライド番号
- ☑ タイトルスライド

すべてのスライドに会社名や日付、スライド番号を挿入したいときは、「フッター」を利用します。日付は、プレゼンテーションを開いた日を自動的に表示させる<自動更新>か、任意の日付を表示させる<固定>を選択することができます。

1 フッターを挿入する

> **ヒント　自動更新の日付を挿入するには？**
> 右の手順では、任意の日付が表示されるように設定していますが、自動更新される日付を表示させることもできます。
> なお、<言語>で<日本語>、<カレンダーの種類>で<和暦>を選択した場合は、時刻を表示させることはできません。

1 <自動更新>をクリックして、
2 表示形式を選択し、
3 言語を選択して、
4 カレンダーの種類を選択します。

1 <挿入>タブをクリックして、

2 <ヘッダーとフッター>をクリックし、

3 <スライド>をクリックして、
4 <日付と時刻>をオンにし、

5 <固定>をクリックして、
6 日付を入力します。

ヒント タイトルスライドに表示させないようにするには？

フッターをタイトルスライドに表示させないようにするには、手順7の画面で<タイトルスライドに表示しない>をオンにします。

ステップアップ フッターの書式や配置を変更する

フッターの書式や配置を変更する場合は、スライドを1枚ずつ編集するのではなく、スライドマスターを利用すると、すべてのスライドの書式をまとめて変更できます（Sec.29参照）。

ステップアップ スライド開始番号を変更する

タイトルスライドのスライド番号を非表示にすると（右上の「ヒント」参照）、スライド番号が2枚目のスライドの「2」から開始されます。「1」から開始されるように設定するには、<デザイン>タブの<スライドのサイズ>をクリックして、<ユーザー設定のスライドサイズ>をクリックし、<スライド開始番号>に「0」と入力します。

Section 29 スライドマスターで書式を一気に変更する

覚えておきたいキーワード
- ☑ スライドマスター
- ☑ レイアウト
- ☑ フッター

すべてのスライドのタイトルの書式を変更したり、プレースホルダーの位置を変更したりなど、プレゼンテーション全体に関わる書式は、「スライドマスター」を利用すると、一括して変更できます。このセクションでは、Sec.28 で挿入した日付、フッター、スライド番号の書式を変更する方法を解説します。

1 スライドマスター表示に切り替える

メモ　スライドマスター表示への切り替え

<表示>タブの<スライドマスター>をクリックすると、スライドマスター表示に切り替わり、<スライドマスター>タブが表示されます。
ウィンドウ左側には、一番上にプレゼンテーション全体の書式を管理する<スライドマスター>が表示され、その下にはスライドレイアウトの一覧が表示されます。
プレゼンテーション全体の書式を変更する場合は、ウィンドウ左側で<スライドマスター>を選択してウィンドウ右側で編集を行います。
特定のスライドレイアウトの書式を変更する場合は、ウィンドウ左側で目的のスライドレイアウトを選択して編集します。

2 スライドマスターで書式を変更する

1 <スライドマスター>をクリックして、

2 日付、フッター、スライド番号の書式を変更し(右の「ヒント」参照)、

3 <スライドマスター>タブをクリックして、

4 <マスター表示を閉じる>をクリックすると、

5 すべてのスライドの書式が変更されていることが確認できます。

 スライドマスターの編集

左の手順では、プレゼンテーション全体に関わる日付、フッター、スライド番号の書式を変更するため、ウィンドウ左側で<スライドマスター>を選択しています。

ヒント 書式の変更

手順2では、日付、フッター、スライド番号のフォントサイズ（P.53参照）とフォントの色（P.54参照）を変更しています。

 標準表示モードで編集結果を確認

スライドマスターの編集が終わったら、<スライドマスター>タブの<マスター表示を閉じる>をクリックして、マスター表示を閉じます。
各スライドを表示すると、書式が変更されていることが確認できます。

Section 30 すべてのスライドに会社のロゴを入れる

覚えておきたいキーワード
- ☑ スライドマスター
- ☑ 図の挿入
- ☑ タイトルスライド

すべてのスライドに画像ファイルの会社のロゴを入れたい場合は、スライドマスター（Sec.29参照）を利用して、画像を挿入します。スライドマスターで挿入した画像は、標準表示モードでは選択することができないため、移動や削除などは、スライドマスターで行う必要があります。

1 会社のロゴの画像ファイルを挿入する

メモ　画像ファイルの挿入

会社のロゴをすべてのスライドに表示するには、スライドマスター表示に切り替えて、画像ファイルを挿入します。

1. スライドマスター表示に切り替え（P.82参照）、
2. ＜スライドマスター＞をクリックし、
3. ＜挿入＞タブをクリックして、
4. ＜画像＞をクリックします。
5. ファイルの保存場所を指定して、
6. 目的のファイルをクリックし、
7. ＜挿入＞をクリックすると、

メモ 画像のサイズと位置の調整

挿入した画像は、図形と同様の方法で周囲のハンドルをドラッグして、サイズを変更できます（Sec.50 参照）。
また、図形と同様、画像にマウスポインターを合わせてドラッグすると、位置を変更できます（Sec.49 参照）。

メモ タイトルスライドレイアウトも編集する

手順❷～❾で＜スライドマスター＞に画像を挿入しても、タイトルスライドには画像は表示されません。タイトルスライドにも画像を表示させたい場合は、手順❿以降のように＜タイトルスライドレイアウト＞を選択して、画像を挿入する必要があります。

メモ 標準表示モードで編集結果を確認

スライドマスターの編集が終わったら、＜スライドマスター＞タブの＜マスター表示を閉じる＞をクリックして、マスター表示を閉じます。
各スライドを表示すると、画像が挿入されていることが確認できます。

Section 31 プレースホルダーを追加する

覚えておきたいキーワード
- ☑ プレースホルダー
- ☑ スライドマスター
- ☑ スライドレイアウト

スライドにプレースホルダーを追加したい場合は、スライドマスターを利用します。このセクションでは、スライドマスターを利用して、新しいスライドレイアウトを挿入し、そのスライドレイアウトに新しいプレースホルダーを挿入する方法を解説します。

1 新しいスライドレイアウトを挿入する

メモ スライドレイアウトの追加

各テーマには、何種類かのスライドレイアウトがあらかじめ用意されていますが（P.82参照）、新しく作成することもできます。その場合は、スライドマスターを利用します。

1. スライドマスター表示に切り替え（P.82参照）、
2. ＜スライドマスター＞タブをクリックし、
3. ＜レイアウトの挿入＞をクリックすると、

4. 新しいスライドレイアウトが追加されます。

ヒント タイトルやフッターを削除するには？

スライドレイアウトを挿入すると、自動的にタイトルとフッターのプレースホルダーが配置されます。これらを削除するには、＜スライドマスター＞タブの＜タイトル＞と＜フッター＞をオフにするか、プレースホルダーを選択して Delete を押します（右ページの「ヒント」参照）。

これらをオフにします。

2 プレースホルダーを挿入する

 メモ プレースホルダーの コンテンツの種類の選択

プレースホルダーを挿入するときには、コンテンツの種類を選択できます。手順❸で＜コンテンツ＞または＜コンテンツ（縦）＞をクリックすると、すべての種類のコンテンツに対応したプレースホルダーを挿入できます。

 ヒント プレースホルダーを 削除するには？

プレースホルダーを削除するには、プレースホルダーの枠線をクリックして選択し、Delete を押します。
なお、プレースホルダーの削除は、標準表示モードでも行うことができます。

メモ 標準表示モードで 編集結果を確認

スライドマスターの編集が終わったら、＜スライドマスター＞タブの＜マスター表示を閉じる＞をクリックして、マスター表示を閉じます。
＜ホーム＞タブの＜新しいスライド＞や＜レイアウト＞をクリックすると、新しいスライドレイアウトが作成されたことを確認できます。

Section 32 プレースホルダーの大きさや位置を変更する

覚えておきたいキーワード
- ☑ プレースホルダー
- ☑ スライドマスター
- ☑ 標準表示モード

プレースホルダーの大きさや位置は、ドラッグして変更することができます。このセクションでは、P.87 でスライドマスターを利用して挿入したプレースホルダーの大きさや位置を変更していますが、標準表示モードで個別のスライドのプレースホルダーを編集することもできます。

1 プレースホルダーの大きさを変更する

ヒント 縦横比を保持して大きさを変更するには？

プレースホルダーの縦横比を保持したまま大きさを変更するには、Shift を押しながら四隅のハンドルをドラッグします。

1. スライドマスター表示に切り替え（P.82参照）、
2. プレースホルダーをクリックして選択し、
3. 周囲のハンドルにマウスポインターを合わせ、
4. ドラッグすると、大きさが変わります。

ステップアップ プレースホルダーの大きさを数値で指定する

プレースホルダーの大きさを数値で指定するには、プレースホルダーを選択し、＜描画ツール＞の＜書式＞タブの＜図形の高さ＞と＜図形の幅＞にそれぞれ数値を入力します。

高さと幅を指定します。

2 プレースホルダーの位置を変更する

ヒント　水平・垂直方向に移動するには？

プレースホルダーを水平・垂直方向に移動するには、Shift を押しながらドラッグします。

メモ　標準表示モードでも可能

プレースホルダーのサイズ変更と移動は、スライドマスター表示だけでなく、標準表示モードでも可能です。

メモ　標準表示モードで編集結果を確認

スライドマスターの編集が終わったら、＜スライドマスター＞タブの＜マスター表示を閉じる＞をクリックして、マスター表示を閉じます。
＜ホーム＞タブの＜新しいスライド＞や＜レイアウト＞をクリックすると、新しいスライドレイアウトのプレースホルダーのサイズや位置が変更されたことを確認できます。

Section 33 スライドの切り替えにアニメーション効果を設定する

覚えておきたいキーワード
- ☑ アニメーション効果
- ☑ 画面切り替え効果
- ☑ 効果のオプション

スライドが次のスライドへ切り替わるときに、「画面切り替え効果」というアニメーション効果を設定することができます。画面切り替え効果は、＜画面切り替え＞タブで設定します。スライドが切り替わる方向などは、＜効果のオプション＞で変更することができます。

1 画面切り替え効果を設定する

 キーワード 画面切り替え効果

「画面切り替え効果」とは、スライドから次のスライドへ切り替わる際に、画面に変化を与えるアニメーション効果のことです。スライドが立体的に回転して切り替わる「キューブ」をはじめとする47種類から選択できます。

1. 目的のスライドのサムネイルをクリックして選択し、
2. ＜画面切り替え＞タブをクリックして、
3. ＜画面切り替え＞グループのここをクリックし、

メモ 画面切り替え効果を確認する

目的の画面切り替え効果をクリックすると、画面切り替え効果が1度だけ再生されるので、確認することができます。また、設定後に＜画面切り替え＞タブの＜プレビュー＞をクリックしても、画面切り替え効果を確認できます（P.92参照）。

4. 目的の画面切り替え効果をクリックすると、

5 画面切り替え効果が設定されます。

画面切り替え効果が設定されていることを示すアイコンが表示されます。

メモ アイコンが表示される

画面切り替え効果やオブジェクトのアニメーション効果を設定すると、サムネイルウィンドウのスライド番号の下に、アイコン ★ が表示されます。

2 効果のオプションを設定する

1 ＜画面切り替え＞タブをクリックして、
2 ＜効果のオプション＞をクリックし、

3 目的の方向をクリックすると、方向が変更されます。

メモ スライドの切り替わる方向の設定

スライドの切り替わる方向を変更するには、＜画面切り替え効果＞タブの＜効果のオプション＞から、目的の方向を選択します。

メモ 画面切り替え効果によって＜効果のオプション＞は異なる

設定している画面切り替え効果の種類によって、＜効果のオプション＞に表示される項目は異なります。たとえば、＜図形＞を設定している場合は、右図のように図形の種類と方向を設定できます。

3 画面切り替え効果を確認する

ヒント 画面切り替え効果を変更するには？

画面切り替え効果をプレビューで確認して、イメージしていたものと違った場合は、P.90の方法でほかの画面切り替え効果を選択すると、画面切り替え効果を設定し直すことができます。

1 <画面切り替え>タブをクリックして、

2 <プレビュー>をクリックすると、

3 画面切り替え効果が再生されます。

スライドが下から上へ回転して表示されます。

4 画面切り替え効果を削除する

1 目的のスライドのサムネイルをクリックして選択し、

2 <画面切り替え>タブをクリックして、

3 <画面切り替え>グループのここをクリックし、

4 <なし>をクリックすると、

5 画面切り替え効果が削除されます。

アイコンがなくなります。

ヒント：すべての画面切り替え効果を削除するには？

すべてのスライドに設定した画面切り替え効果を削除するには、手順4のあと、<画面切り替え効果>タブの<すべてに適用>をクリックします。

Section 34 スライド切り替えのアニメーション効果を活用する

覚えておきたいキーワード
- ☑ 期間
- ☑ 自動的に切り替え
- ☑ サウンド

画面切り替え効果のスピードは、変更することができます。既定では、プレゼンテーション実行中にクリックすると次のスライドに切り替わりますが、指定の時間が経過したら自動的に切り替わるように設定することも可能です。また、スライドが切り替わるときに効果音を設定できます。

1 画面切り替え効果のスピードや時間を設定する

メモ 画面切り替え効果のスピードの設定

画面切り替え効果のスピードを設定するには、＜画面切り替え＞タブの＜期間＞で、画面切り替え効果にかかる時間を指定します。数値が小さいと、スピードが速くなります。

メモ スライドが切り替わる時間の設定

画面切り替え効果を設定した直後の状態では、スライドショー実行中に画面をクリックすると、次のスライドに切り替わります。指定した時間で次のスライドに自動的に切り替わるようにするには、＜画面切り替え＞タブの＜自動的に切り替え＞をオンにし、横のボックスで切り替えまでの時間を指定します。

2 スライドが切り替わるときに効果音を出す

1 ＜画面切り替え＞タブの
＜サウンド＞のここをクリックして、

2 目的のサウンドをクリックすると、
効果音が設定されます。

ヒント　効果音を削除するには？

設定した効果音を削除するには、手順2で
＜［サウンドなし］＞をクリックします。

ステップアップ　すべてのスライドに同じ効果を設定するには？

すべてのスライドに同じ画面切り替え効果を設定するには、＜画面切り替え＞タブの＜すべてに適用＞をクリックします。

 ステップアップ　スライド切り替え時のサウンドにファイルを指定する

スライドが切り替わるときの効果音にあらかじめ用意したサウンドファイルを指定する場合は、上の手順2で＜その他のサウンド＞をクリックします。＜オーディオの追加＞ダイアログボックスが表示されるので、サウンドファイルを指定します。

1 ファイルの保存場所を指定して、

2 目的のファイルをクリックし、

3 ＜OK＞をクリックします。

3 画面切り替え効果と活用シーン

キーワード　フェード（黒いスクリーンから）

スライドが徐々に暗くなり、画面が真っ暗になったあと、次のスライドが徐々に表示される画面切り替え効果です。シンプルなので、プレゼンテーションの邪魔になりません。

ここでは、どのようなときにどのような画面切り替え効果を利用したらよいのか、いくつか例を紹介します。

フェード（黒いスクリーンから）

ズーム（イン）

キーワード　ズーム（イン）

前のスライドが拡大しながら消えていき、次のスライドが中央から徐々に拡大して表示される画面切り替え効果です。
次のスライドへの期待感が高まります。

ページカール（1枚左へ）

🔍 **キーワード** ページカール（1枚左へ）

ページをめくるように、次のスライドが表示される画面切り替え効果です。
レポートやフォトアルバムなどのプレゼンテーションにおすすめです。

渦巻き（右から）

🔍 **キーワード** 渦巻き（右から）

細かくなったスライドが、渦巻き上に右から飛んできて左から表示される画面切り替え効果です。派手なので、インパクトを与えたいときにおすすめです。

Section 35 スライドの順序を入れ替える

覚えておきたいキーワード
☑ サムネイルウィンドウ
☑ サムネイル
☑ スライド一覧表示モード

スライドはあとから順番を入れ替えることができます。スライドの順序を変更するには、標準表示モードのサムネイルウィンドウで、目的のスライドのサムネイルをドラッグします。また、スライド一覧表示モードでも、スライドをドラッグして順序を変更することが可能です。

1 サムネイルウィンドウでスライドの順序を変更する

ヒント 複数のスライドを移動するには？

複数のスライドをまとめて移動するには、サムネイルウィンドウで Ctrl を押しながら目的のスライドをクリックして選択し、目的の位置までドラッグします。

1 目的のスライドのサムネイルにマウスポインターを合わせ、

2 目的の位置までドラッグすると、

Section 35 スライドの順序を入れ替える

3 スライドの順序が変わります。

2 スライド一覧表示モードでスライドの順序を変更する

1 スライド一覧表示モードに切り替えて、

2 目的のスライドにマウスポインターを合わせ、

> **メモ** スライド一覧表示モードへの切り替え
>
> スライド一覧表示モードに切り替えると、標準表示モードのサムネイルウィンドウよりもスライドが大きく表示されます。
> スライド一覧表示モードに切り替えるには、＜表示＞タブの＜スライド一覧＞をクリックします。

3 目的の位置までドラッグすると、

4 スライドの順序が変わります。

第3章 スライドの追加と作成

99

Section 36 スライドを複製／コピー／削除する

覚えておきたいキーワード
- ☑ 複製
- ☑ コピー
- ☑ 削除

似た内容のスライドを複数作成する場合は、スライドの複製を利用すると、効率的に作成できます。既存のプレゼンテーションに同じ内容のスライドがある場合は、スライドをコピー＆貼り付けすることができます。また、スライドが不要になった場合は、削除します。

1 プレゼンテーション内のスライドを複製する

メモ スライドの複製

同じプレゼンテーションのスライドをコピーしたい場合は、スライドの複製を利用します。
なお、手順4で＜複製＞をクリックした場合は、手順4のあとすぐに新しいスライドが作成されるのに対し、＜コピー＞をクリックした場合は＜貼り付け＞をクリックするまでスライドが作成されません。

1 目的のスライドのサムネイルをクリックして選択し、

 2 ＜ホーム＞タブをクリックして、

 3 ＜コピー＞のここをクリックし、

4 ＜複製＞をクリックすると、

メモ ＜新しいスライド＞の利用

複製するスライドを選択し、＜ホーム＞（または＜挿入＞）タブの＜新しいスライド＞をクリックして、＜選択したスライドの複製＞をクリックしても、スライドを複製できます。

5 スライドが複製されます。

2 他のプレゼンテーションのスライドをコピーする

1 コピーするスライドの
サムネイルをクリックして選択し、

メモ スライドのコピー

左の手順では、他のプレゼンテーションのスライドをコピーして貼り付けていますが、同じプレゼンテーションのスライドをコピーして貼り付けることもできます。

2 ＜ホーム＞タブをクリックして、

3 ＜コピー＞をクリックします。

Section 36 スライドを複製／コピー／削除する

第3章 スライドの追加と作成

メモ 貼り付け先のテーマが適用される

手順7で<貼り付け>のアイコン部分をクリックすると、貼り付けたスライドには、貼り付け先のテーマが適用されます。
貼り付けたあとに表示される<貼り付けのオプション> (Ctrl) をクリックすると、貼り付けたスライドの書式を選択できます。選択できる項目は、次の3種類です。

① <貼り付け先のテーマを使用>
　貼り付け先のテーマを適用してスライドを貼り付けます。

② <元の書式を保持>
　元のテーマのままスライドを貼り付けます。

③ <図>
　コピーしたスライドを図として貼り付けます。

4 貼り付け先のプレゼンテーションを開いて、

5 貼り付ける場所をクリックし、

6 <ホーム>タブをクリックして、

7 <貼り付け>のここをクリックすると、

8 スライドが貼り付けられます。

左上の「メモ」参照。

3 スライドを削除する

 ショートカットメニューの利用

目的のスライドを右クリックして、＜スライドの削除＞をクリックしても、スライドを削除できます。

 複数のスライドを削除する

標準表示モードのサムネイルウィンドウや、スライド一覧表示モードでは、複数のスライドを選択し、まとめて削除することができます。連続するスライドを選択するには、先頭のスライドをクリックして、Shiftを押しながら末尾のスライドをクリックします。離れた位置にある複数のスライドを選択するには、Ctrlを押しながらスライドをクリックしていきます。

セクションの作成

PowerPointでは、「セクション」を作成して、スライドをグループ分けすることができます。
スライドの枚数の多いプレゼンテーションでセクションを作成すると、セクションごとに画面切り替え効果やデザインを設定したり、セクションをまとめて移動したりすることができます。
また、セクション名の左に表示されている ◢ や ▷ をクリックすると、セクションごとにスライドの表示／非表示を切り替えることができます。

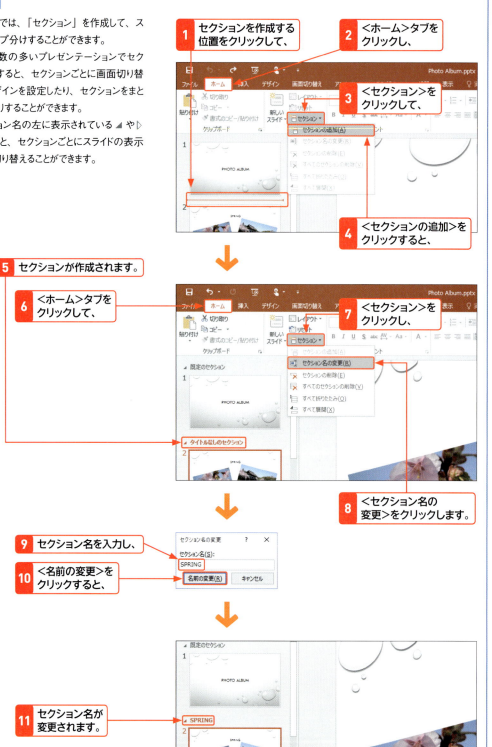

Chapter 04

第4章
アウトライン機能を利用したスライドの作成

Section	37	アウトライン機能とは
	38	プレゼンテーションの全体像を作成する
	39	スライドの内容を入力する
	40	段落レベルを変更する
	41	段落レベルを折りたたむ／展開する
	42	スライドの順序を入れ替える
	43	Wordのアウトラインからスライドを作成する

Section 37 アウトライン機能とは

覚えておきたいキーワード
- ☑ アウトライン表示モード
- ☑ 階層構造
- ☑ 段落レベル

第4章では、アウトライン機能を利用したプレゼンテーションの作成方法を解説します。プレゼンテーションでは全体の構成が非常に重要です。アウトライン表示モードでは、左側のウィンドウに各スライドのテキストだけが表示されるので、デザインや書式を意識せず、プレゼンテーションの流れや内容に集中できます。

1 アウトライン機能を利用したプレゼンテーション作成の流れ

メモ タイトルの入力

アウトライン機能を利用したプレゼンテーションの作成では、プレゼンテーションをどういった流れで進めていくのか、全体の構成を考え、まずは各スライドのタイトルだけを入力していきます（Sec.38参照）。

構成を考える

全体の構成を考え、スライドのタイトルだけを入力します。

テキストを入力する

各スライドのテキストを入力します。

メモ テキストの入力

タイトルを入力したら、各スライドをどのような内容にするのかを考え、テキストを箇条書きで入力していきます（Sec.39参照）。

段落レベルを設定する

段落レベルを設定し、
テキストを階層構造にします。

メモ 階層構造にする

テキストは、小見出しとその内容のように、階層構造にすることができます。テキストに段落レベルを設定します（Sec.40 参照）。

2 アウトライン表示モードに切り替える

1 ＜表示＞タブをクリックして、

2 ＜アウトライン表示＞をクリックすると、

3 アウトライン表示モードに切り替わります。

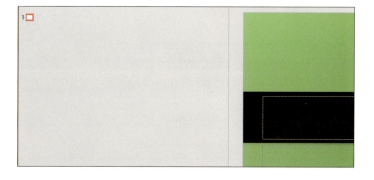

メモ アウトライン表示モードへの切り替え

アウトライン表示モードへ切り替えるには、＜表示＞タブの＜アウトライン表示＞をクリックします。
アウトライン表示モードでは、左側のウィンドウにすべてのスライドのタイトルとテキストだけが表示され、右側のスライドウィンドウにスライドが表示されます。

メモ 標準表示モードに戻す

アウトライン表示モードから標準表示モードに戻すには、＜表示＞タブの＜標準＞をクリックするか、ステータスバーの＜標準＞ をクリックします。

Section 38 プレゼンテーションの全体像を作成する

覚えておきたいキーワード
- ☑ タイトル
- ☑ スライド
- ☑ スライドタイトル

プレゼンテーションは、構成が非常に重要になります。まずはスライドタイトルだけをすべて入力し、どのような順序でプレゼンテーションを進めるのか、構成を考えましょう。左側のウィンドウに文字列を入力すると、該当するプレースホルダーにも文字列が表示されます。

1 プレゼンテーションのタイトルを入力する

メモ スライドのアイコン

アウトライン表示モードに切り替えると、左側のウィンドウにはスライドがアイコン □ で表示されます。このアイコンの右側にスライドのタイトルを入力します。

1. アウトライン表示モードに切り替え（P.107参照）、
2. スライドのアイコンの右側をクリックしてカーソルを移動し、
3. プレゼンテーションのタイトルを入力すると、
4. スライドのプレースホルダーにも文字列が表示されます。

メモ 文字列がプレースホルダーに反映される

アウトライン表示モードの左側のウィンドウに入力した文字列は、スライドのプレースホルダーに反映されるので、実際のスライドに表示されるイメージを確認することができます。

2 スライドタイトルを入力する

メモ 新しいスライドの作成

アウトライン表示モードの左側のウィンドウに、タイトルを入力して Enter を押すと、新しいスライドが作成されるので、各スライドのタイトルを入力していきます。

メモ 新しいスライドのレイアウト

2枚目以降に作成されるスライドには、使用頻度の高い＜タイトルとコンテンツ＞のスライドレイアウトが自動的に適用されます。レイアウトはあとから変更することもできます（P.63参照）。

Section 39 スライドの内容を入力する

覚えておきたいキーワード
- サブタイトル
- テキスト
- 箇条書き

すべてのスライドのタイトルを入力したら、各スライドのテキストを入力していきます。スライドタイトルの行末にカーソルを移動して Ctrl を押しながら Enter を押すと、テキストを入力できます。テキストは箇条書きで入力すると、簡潔で要点がわかりやすくなります。

1 プレゼンテーションのサブタイトルを入力する

メモ サブタイトルの入力

タイトルスライドのタイトルの行末にカーソルを移動して、Ctrl を押しながら Enter を押すと、サブタイトルを入力できます。

2 スライドのテキストを入力する

スライドタイトルの行末にカーソルを移動して、Ctrl を押しながら Enter を押すと、そのスライドのテキストを入力できます。

ヒント　行頭記号が表示されない?

プレゼンテーションに設定しているテーマによっては、テキストに行頭記号が表示されない場合があります。

メモ　タブの挿入

アウトライン表示モードでタブを挿入するにはCtrlを押しながらTabを押します。

メモ　箇条書きの項目の追加

テキストの行末にカーソルがある状態でEnterを押すと、段落が変わり、同じ段落レベルのテキストを入力できます。

ヒント　段落を変えずに改行するには?

テキストを入力してEnterを押すと、段落が変わります。段落を変えずに改行したい場合は、目的の位置にカーソルを移動し、Shiftを押しながらEnterを押します。

Section 40 段落レベルを変更する

覚えておきたいキーワード
- ☑ 段落レベル
- ☑ インデントを増やす
- ☑ インデントを減らす

スライドのテキストは、第1レベル、第2レベル、第3レベル…と段落レベルを設定して、階層構造にすることができます。アウトライン表示モードでは、左側のウィンドウで目的の段落を選択し、Tab を押すと段落レベルが下がります。

1 段落レベルを下げる

メモ 離れた段落の選択

段落をドラッグして選択し、Ctrl を押しながら別の段落をドラッグすると、離れた位置にある段落を同時に選択することができます。

1 目的の段落をドラッグして選択し、

メモ 段落レベルの変更

段落レベルを下げるには、Tab を押すか、<ホーム>タブの<インデントを増やす> をクリックします。
また、段落レベルを上げるには、Shift を押しながら Tab を押すか、<ホーム>タブの<インデントを減らす> をクリックします。

2 Ctrl を押しながらドラッグして選択し、

3 Tab を押すと、

ヒント タイトルをテキストに変えるには？

スライドのタイトルをテキストに変更するには、アウトライン表示モードの左側のウィンドウで目的のタイトルにカーソルを移動し、Tabを押します。
また、テキストをスライドのタイトルに変更するには、目的のテキストにカーソルを移動し、Shiftを押しながらTabを押します。

ヒント さらに段落レベルを下げるには？

Tabを1回押すごとに、段落レベルが1つずつ下がります。

メモ ショートカットメニューの利用

目的の段落を右クリックして、＜レベル下げ＞をクリックしても、段落レベルを下げることができます。また、＜レベル上げ＞をクリックすると、段落レベルを上げることができます。

Section 41 段落レベルを折りたたむ／展開する

覚えておきたいキーワード
- ☑ 折りたたみ
- ☑ すべて折りたたみ
- ☑ 展開

アウトライン表示モードの左側のウィンドウでは、スライドのテキスト部分を非表示にして、各スライドのタイトルだけを表示させることができます。スライドごとに表示／非表示を設定したり、すべてのスライドの表示／非表示を設定したりすることも可能です。

1 スライドのタイトルだけを表示する

キーワード　折りたたみと展開

アウトライン表示モードの左側のウィンドウで、スライドのテキストを非表示にしてタイトルだけ表示することを「折りたたみ」、非表示にしたテキストを再度表示させることを「展開」といいます。

メモ　ショートカットメニューの利用

目的のスライドを右クリックして、＜折りたたみ＞をポイントし、＜折りたたみ＞をクリックしても、そのスライドを折りたたむことができます。

メモ　タイトルに点線が表示される

折りたたまれたスライドは、タイトルの下に点線が表示されます。

1 スライドのアイコンをダブルクリックすると、

2 テキストが非表示になり、タイトルだけが表示されます。

タイトルに点線が表示されます。

2 非表示になったテキストを再度表示する

1 スライドのアイコンをダブルクリックすると、

2 すべてのテキストが表示されます。

> **メモ** ショートカットメニューの利用
>
> 目的のスライドを右クリックして、＜展開＞をポイントし、＜展開＞をクリックしても、そのスライドを展開させることができます。

> **ステップアップ** すべてのスライドを展開する
>
> すべてのスライドを展開するには、いずれかのスライドを右クリックして、＜展開＞をポイントし、＜すべて展開＞をクリックします。

> **ステップアップ** すべてのスライドを折りたたむ
>
> いずれかのスライドを右クリックし、＜折りたたみ＞をポイントして、＜すべて折りたたみ＞をクリックすると、すべてのスライドのテキストを非表示にすることができます。

1 スライドを右クリックして、

2 ＜折りたたみ＞をポイントし、

3 ＜すべて折りたたみ＞をクリックすると、

4 すべてのスライドのテキストが非表示になります。

Section 42 スライドの順序を入れ替える

覚えておきたいキーワード
- ☑ スライドの移動
- ☑ 1つ上のレベルへ移動
- ☑ 1つ下のレベルへ移動

プレゼンテーションの構成を変えたい場合は、スライドの順序を入れ替えます。スライドの順序は、アウトライン表示モードでも変更することができます。その場合は、左側のウィンドウでスライドのアイコンを目的の位置までドラッグします。

1 スライドの順序を変更する

メモ スライドの移動

アウトライン表示モードでスライドの順序を入れ替えるには、左側のウィンドウでスライドのアイコンを目的の位置までドラッグします。
スライドをすべて折りたたんでいる状態（P.114参照）でも、同じ方法でスライドの順序を入れ替えることができます。

1 スライドのアイコンにマウスポインターを合わせ、

2 目的の位置までドラッグすると、

3 スライドが移動します。

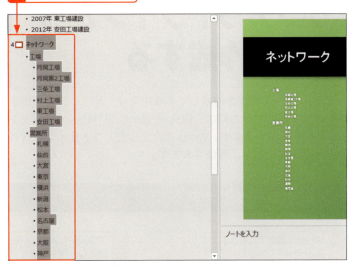

ヒント テキストを移動するには？

箇条書きの順序を入れ替えたり、文字列を移動したりするには、アウトライン表示モードの左側のウィンドウで目的の段落や文字列をドラッグして選択し、目的の位置までドラッグします。

メモ ショートカットキーの利用

スライドを折りたたんでいる場合（P.114参照）は、右の手順でもスライドの順序を入れ替えることができます。

1 目的のスライドを右クリックして、

2 ＜1つ下のレベルへ移動＞をクリックすると、

3 スライドが1つ下に移動します。

Section 43 Wordのアウトラインからスライドを作成する

覚えておきたいキーワード
- ☑ Word
- ☑ アウトライン表示
- ☑ アウトラインレベル

Wordでプレゼンテーションの構成を作成してある場合は、見出しの階層構造（アウトラインレベル）を設定しておけば、PowerPointに取り込んでプレゼンテーションを作成することができます。Wordで設定したアウトラインレベルが、PowerPointに段落レベルとして反映されます。

1 Word文書にアウトラインレベルを設定する

メモ アウトライン表示への切り替え

＜表示＞タブの＜アウトライン＞をクリックすると、アウトライン表示モードに切り替わり、文書が階層構造で表示されます。

メモ アウトラインレベルの設定

「スライドタイトル」に該当する段落には＜レベル1＞、テキストの「段落レベル1」に該当する段落には＜レベル2＞、「段落レベル2」に該当する段落には＜レベル3＞というように、Word文書にアウトラインレベルを設定します。

1. Word文書をアウトライン表示モードで表示し、
2. アウトラインレベルを設定し、保存します。

2 アウトラインからスライドを作成する

メモ アウトラインの挿入

Wordのアウトラインからプレゼンテーションを作成するには、PowerPointの＜ホーム＞タブの＜新しいスライド＞から行います。

1. PowerPointを起動して、新規プレゼンテーションを作成し、
2. ＜ホーム＞タブをクリックして、

メモ ＜ファイルを開く＞ダイアログボックスの利用

＜ファイルを開く＞ダイアログボックスを利用しても、Wordのアウトラインからプレゼンテーションを作成することができます。その場合は、＜ファイル＞タブの＜開く＞をクリックして、＜参照＞をクリックします。＜ファイルを開く＞ダイアログボックスが表示されるので、下の手順に従います。

ヒント 書式を元に戻すには？

WordのアウトラインをPowerPointに取り込むと、文字列に書式が適用されます。テーマの書式に戻すには、＜ホーム＞タブの＜リセット＞をクリックします。

119

メモ　プレゼンテーションを開いたときにアウトライン表示モードで表示されるようにする

プレゼンテーションを開いたときの表示モードは、既定では、前回保存したときの表示モードが適用されます。常にアウトライン表示モードでプレゼンテーションを開きたい場合は、＜PowerPointのオプション＞ダイアログボックスで設定を変更することができます。
なお、手順4で＜アウトライン表示モード＞をクリックすると、アウトラインのみでスライドは表示されません。アウトラインとスライドを表示させたい場合は、＜標準表示モード（アウトライン、スライド）＞をクリックします。

1 ＜ファイル＞タブの＜オプション＞をクリックして、

2 ＜詳細設定＞をクリックし、

3 ＜この表示ですべてのドキュメントを開く＞のここをクリックして、

4 ＜標準表示モード（アウトライン、スライド）＞をクリックし、

5 ＜OK＞をクリックします。

Chapter 05

第5章

図形の作成

Section				
	44	PowerPoint 2016で作成できる図形	62	テキストをSmartArtに変換する
	45	線を描く	63	SmartArtを図形に変換する
	46	矢印を描く	64	既定の図形に設定する
	47	図形を描く		
	48	複雑な図形を描く		
	49	図形を移動／コピーする		
	50	図形の大きさや形状を変更する		
	51	図形を回転／反転する		
	52	図形の線や色を変更する		
	53	図形にグラデーションやスタイルを設定する		
	54	図形に文字列を入力する		
	55	図形の重なり順を調整する		
	56	図形の配置を調整する		
	57	図形を結合／グループ化する		
	58	SmartArtとは		
	59	SmartArtで図表を作成する		
	60	SmartArtに図形を追加する		
	61	SmartArtのスタイルを変更する		

Section 44 PowerPoint 2016で作成できる図形

覚えておきたいキーワード
☑ 図形
☑ テキストボックス
☑ グリッド線

PowerPoint 2016 では、直線、矢印、円、四角形などの基本的な図形はもちろん、吹き出しや星などの複雑な図形もかんたんに作成することができます。スライドに「グリッド線」とよばれる等間隔の点を表示すると、図形の作成や配置の際の目安になります。

1 さまざまな図形を作成できる

 図形の作成

PowerPoint 2016 では、右図のようなさまざまな図形をかんたんに作成することができます（Sec.45～48 参照）。
また、＜フリーフォーム＞や＜フリーハンド＞を利用すると、ドラッグ操作で自由に図形を作成できます。

＜挿入＞タブの＜図形＞からさまざまな図形を作成できます。

 図形の編集

作成した図形は、あとからサイズや位置を変更したり、変形したりすることができます（Sec.49～50 参照）。

図形の枠線は、色や太さ、種類を変更することができます。

 図形の書式設定

図形の枠線と塗りつぶしは、それぞれ色を変更できます。また、グラデーションを設定したり、図形のスタイルを設定したりすることも可能です（Sec.52～53 参照）。

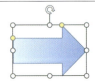

図形の塗りつぶしは、色を変更したり、グラデーションを設定したりできます。

2 図形に文字列を入力できる

図形には、文字列を入力することができます。

テキストボックスを利用すると、プレースホルダー以外の部分に、自由に文字列を配置できます。

メモ 図形への文字列の入力

線や矢印などを除く図形には、文字列を入力することができます（Sec.54 参照）。文字列は、プレースホルダーのテキストと同様に書式を設定できます。

メモ テキストボックスの利用

プレースホルダー以外の部分に文字列を配置したい場合は、テキストボックスを利用します（Sec.54 参照）。横書きテキストボックスと縦書きテキストボックスがあります。

3 グリッド線を表示する

1 <表示>タブをクリックして、

2 <グリッド線>をオンにすると、

3 グリッド線が表示されます。

メモ グリッド線の利用

グリッド線を表示すると、一定の間隔で点が表示されるので、図形の大きさや位置を揃えるときの目安になります。

ステップアップ ガイドの表示

<表示>タブの<ガイド>をオンにすると、スライドの上下中央と左右中央にガイドが表示されます。ガイドはドラッグして移動することができます。また、Ctrl を押しながらドラッグすると、ガイドをコピーして複数表示することができます。

Section 45 線を描く

覚えておきたいキーワード
- ☑ 直線
- ☑ 曲線
- ☑ 頂点の編集

このセクションでは、直線と曲線を描く方法を解説します。直線を描くには、スライド上をドラッグします。また、曲線を描くには、始点とカーブの部分でクリックし、終点をダブルクリックします。線の色や太さ、種類は、あとから変更することができます（Sec.52 参照）。

1 直線を描く

メモ 図形の作成

図形を作成するには、＜挿入＞タブの＜図形＞をクリックすると表示される一覧から、目的の図形を選択します。また、＜ホーム＞タブの＜図形描画＞グループからも、図形を作成できます。
なお、作成される図形の塗りつぶしや線の色は、プレゼンテーションに設定しているテーマやバリエーションによって異なります。

1. ＜挿入＞タブをクリックして、
2. ＜図形＞をクリックし、
3. ＜直線＞をクリックして、

4. スライド上をドラッグすると、

タッチ ＜直線＞をタッチすると作成される

タッチ操作の場合は、＜直線＞をタッチすると、既定の大きさで直線が描かれます。

メモ 水平・垂直・45度の直線を描く

 を押しながらスライド上をドラッグすると、水平・垂直・45度の直線を描くことができます。

5. 直線が描けます。

2 曲線を描く

1 <挿入>タブをクリックして、
2 <図形>をクリックし、

3 <曲線>をクリックします。

ヒント フリーハンドで自由な線を描くには？

左図で<フリーハンド>をクリックすると、ドラッグの軌跡どおりに線を描くことができます。

4 始点をクリックして、
5 曲げる位置でクリックし、
6 終点でダブルクリックすると、

7 曲線が描けます。

ステップアップ 曲線のカーブを調整する

曲線のカーブを調整するには、曲線を右クリックし、<頂点の編集>をクリックします。曲線に■が表示されるので、目的の■をクリックします。青線と□が表示されるので、□をドラッグすると、カーブの大きさが変わります。

1 クリックして、
2 ドラッグします。

Section 46 矢印を描く

覚えておきたいキーワード
- ☑ 矢印
- ☑ 双方向矢印
- ☑ ブロック矢印

矢印を描くには、＜挿入＞タブの＜図形＞から、＜矢印＞または＜双方向矢印＞を選択して、直線を描くときと同じようにスライド上をドラッグします。また、＜図形＞には、幅の広いブロック矢印もさまざまな種類が用意されています。

1 矢印を描く

ヒント 双方向矢印を描くには？

双方向矢印を描くには、右図で＜双方向矢印＞をクリックし、スライド上をドラッグします。

ステップアップ 線を矢印に変更する

すでに描いた直線や曲線を、矢印に変更することもできます。その場合は、目的の線をクリックして選択し、＜描画ツール＞の＜書式＞タブの＜図形の枠線＞をクリックして、＜矢印＞をポイントし、目的の矢印の種類を選択します。

1 ＜挿入＞タブをクリックして、
2 ＜図形＞をクリックし、
3 ＜矢印＞をクリックして、

4 スライド上をドラッグすると、
5 矢印が描けます。

2 ブロック矢印を描く

メモ ブロック矢印の作成

＜挿入＞タブの＜図形＞の＜ブロック矢印＞には、さまざまな種類のブロック矢印が用意されています。目的の大きさになるように、スライド上を斜めにドラッグします。

ヒント 斜め向きのブロック矢印を作成するには？

斜め向きのブロック矢印を作成するには、ブロック矢印を描いたあと、斜めに回転させます（Sec.51 参照）。

Section 47 図形を描く

覚えておきたいキーワード
- 角丸四角形
- 楕円
- 描画モードのロック

PowerPointでは、四角形や円などの基本的な図形はもちろん、星や吹き出しといった複雑な図形も、かんたんに作成することができます。このセクションでは、既定の大きさの図形を作成する方法と、任意の大きさの図形を作成する方法を解説します。

1 既定の大きさの図形を作成する

 タッチ 図形の種類をタッチすると作成される

タッチ操作の場合は、作成する図形の種類をタッチすると、既定の大きさで図形が作成されます。

 ヒント 図形の大きさを変更するには？

作成した図形の大きさをあとから変更するには、図形の周囲に表示されている白いハンドル○をドラッグします（Sec.50参照）。

 ヒント 図形を削除するには？

図形を削除するには、図形をクリックして選択し、Delete または BackSpace を押します。

第5章 図形の作成

128

2 任意の大きさの図形を作成する

メモ ドラッグによる図形の作成

左の手順のように、図形の種類を選択したあとでスライド上をドラッグすると、ドラッグした方向に目的の大きさの図形を作成することができます。
このとき、Shiftを押しながらドラッグすると、縦横の比率を変えずに、目的の大きさで図形を作成できます。

ヒント 同じ図形を続けて作成するには？

手順❸で目的の図形を右クリックし、＜描画モードのロック＞をクリックすると、同じ図形を続けて作成することができます。
図形の作成が終わったら、Escを押すと、マウスポインターが元の形に戻ります。

Section 48 複雑な図形を描く

「フリーフォーム」を利用すると、複雑な図形を作成することができます。また、「コネクタ」を利用すると、2つの図形を結合させることができます。コネクタで接続された一方の図形を移動させても、コネクタは切り離されず、結合されたままになります。

覚えておきたいキーワード
- ☑ フリーフォーム
- ☑ カギ線コネクタ
- ☑ 曲線コネクタ

1 フリーフォームで多角形を描く

メモ 直線と曲線からなる図形を作成する

「フリーフォーム」を利用すると、直線と曲線からなる図形や、曲線からなる図形も作成することができます。
直線を描く場合は角になる部分をクリックし、曲線を描く場合はドラッグします。

2 コネクタで2つの図形を結合する

メモ 図形をコネクタで結合する

「コネクタ」とは、複数の図形を結合する線のことです。これを利用して、「フローチャート」（処理の流れを表した図）などを作成することができます。コネクタの種類には、＜カギ線コネクタ＞、＜カギ線矢印コネクタ＞、＜カギ線双方向矢印コネクタ＞、＜曲線コネクタ＞、＜曲線矢印コネクタ＞、＜曲線双方向矢印コネクタ＞があります。＜直線＞や＜矢印＞、＜双方向矢印＞もコネクタとして利用できます。

メモ 結合点をコネクタで結ぶ

コネクタで2つの図形を結合するときは、図形にマウスポインターを近づけると図形の周囲に表示される結合点どうしを、コネクタで結びます。結合点以外の部分にコネクタを描くと、図形を移動したときにコネクタは切り離されます。

ヒント 結合された図形の一方を移動すると？

コネクタで結合された2つの図形は、どちらか一方を移動しても（P.132参照）、コネクタが伸び縮みして、結合部分は切り離されません。

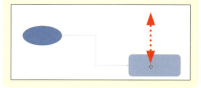

Section 49 図形を移動／コピーする

覚えておきたいキーワード
☑ 移動
☑ コピー・貼り付け
☑ クリップボード

作成した図形は、ドラッグして自由に移動することができます。また、同じ色や形、大きさの図形が必要な場合は、図形のコピーを作成すると、何度も同じ図形を作成する手間が省けます。図形の移動やコピーは、同じスライドだけでなく、他のスライドへも行うことができます。

1 図形を移動する

図形の移動

Shift を押しながらドラッグすると、図形を水平・垂直方向に移動できます。
右の手順のほかに、図形を選択し、↑↓←→を押しても図形を移動することができます。

1 マウスポインターを図形に合わせると、形が ✣ に変わるので、

2 目的の位置までドラッグすると、

3 図形が移動します。

コマンドの利用

図形をクリックして選択し、＜ホーム＞タブの＜切り取り＞をクリックして、＜貼り付け＞のアイコン部分 をクリックしても、図形を移動することができます。
貼り付ける前に移動先のスライドを選択すると、選択したスライドに図形が移動します。

2 図形をコピーする

メモ 図形のコピー

Shift と Ctrl を同時に押しながらドラッグすると、水平・垂直方向に図形のコピーを作成することができます。

1 マウスポインターを図形に合わせると、形が ✣ に変わるので、

2 Ctrlを押しながら目的の位置までドラッグすると、

3 コピーが作成されます。

メモ　コマンドの利用

図形をクリックして選択し、＜ホーム＞タブの＜コピー＞をクリックして、＜貼り付け＞のアイコン部分をクリックしても、図形をコピーすることができます。

貼り付ける前にコピー先のスライドを選択すると、選択したスライドに図形がコピーされます。

ステップアップ　Office クリップボードの利用

「クリップボード」とは、＜切り取り＞や＜コピー＞をクリックしたときに、切り取った、またはコピーしたデータが一時的に保管される場所のことです。

クリップボードは、Windows の機能の 1 つで、文字列など、データの種類によっては異なるアプリケーションに貼り付けることもできます。Windows のクリップボードには 1 つのデータしか保管できませんが、Office のアプリケーションでは最大 24 個までのデータを保管できる「Office クリップボード」を利用できます。Office クリップボードに保管されているデータは、すべての Office アプリケーションを終了するまで、データを再利用できます。

Office クリップボードを利用するには、＜ホーム＞タブの＜クリップボード＞グループでダイアログボックス起動ツールをクリックすると＜クリップボード＞が表示されるので、ここで貼り付けたいデータをクリックします。

Section 49　図形を移動／コピーする

第5章 図形の作成

133

Section 50 図形の大きさや形状を変更する

図形の大きさを変更するには、図形を選択すると周囲に表示される白いハンドルをドラッグします。また、角丸四角形の角の大きさや吹き出しの引き出し位置、ブロック矢印の矢の大きさなど、図形の形状を変更するには、黄色いハンドルをドラッグします。

覚えておきたいキーワード
- ハンドル
- サイズ
- 形状

1 図形の大きさを変更する

メモ 図形の大きさの変更

図形をクリックして選択すると周りに表示される白いハンドル〇にマウスポインターを合わせると、マウスポインターの形が変わります。この状態でドラッグすると、図形のサイズを変更することができます。また、[Shift]を押しながらドラッグすると、図形の縦横比を変えずにサイズを変更することができます。

1. 図形をクリックして選択し、

2. マウスポインターを白いハンドルに合わせると、形が変わるので、

3. ドラッグすると、

4. 図形の大きさが変更されます。

ステップアップ 図形のサイズを数値で指定する

図形をクリックして選択し、<描画ツール>の<書式>タブの<図形の高さ>と<図形の幅>それぞれのボックスに数値を入力すると、図形のサイズを数値で指定することができます。

数値を入力します。

2 図形の形状を変更する

1 図形をクリックして選択し、

　メモ　図形の形状の変更

角丸四角形や吹き出し、星、ブロック矢印など、図形の種類によっては、図形の形状を変更するための黄色いハンドル ○ が用意されています。

2 マウスポインターを黄色いハンドルに合わせると、形が ▷ に変わるので、

3 ドラッグすると、

　ステップアップ　図形の種類の変更

作成した図形は、楕円から四角形といったように、あとから種類を変更することができます。その場合は、図形を選択し、＜描画ツール＞の＜書式＞タブの＜図形の編集＞をクリックして、＜図形の変更＞をポイントし、目的の図形を選択します。

4 図形の形状が変更されます。

Section 51 図形を回転／反転する

覚えておきたいキーワード
- ☑ 回転
- ☑ 反転
- ☑ ハンドル

図形は、図形をクリックして選択すると表示される矢印のハンドルをドラッグしたり、角度を指定したりして、回転させることができます。また、<描画ツール>の<書式>タブの<回転>から、図形を上下や左右に反転させることも可能です。

1 図形を回転する

メモ ドラッグで図形を回転する

図形を回転させるには、矢印のハンドル↻にマウスポインターを合わせてドラッグします。図形は、図形の中心を基準に回転します。また、Shiftを押しながら矢印のハンドル↻をドラッグすると、15度ずつ回転させることができます。

ステップアップ 角度を指定して図形を回転させる

角度を指定して図形を回転するには、図形を選択して、<描画ツール>の<書式>タブの<回転>をクリックし、<その他の回転オプション>をクリックします。<図形の書式設定>作業ウィンドウが表示されるので、<回転>ボックスに角度を入力します。

角度を入力します。

1 図形をクリックして選択し、
2 マウスポインターを矢印のハンドルに合わせると、形が↻に変わるので、

3 ドラッグすると、

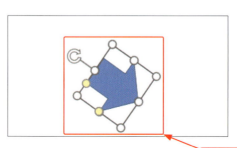

4 図形が回転します。

2 図形を反転する

1 図形をクリックして選択し、

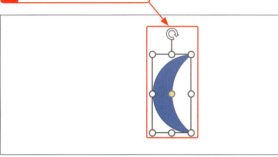

メモ 図形の反転

図形を選択して、＜描画ツール＞の＜書式＞タブの＜回転＞をクリックし、＜上下反転＞をクリックすると上下に、＜左右反転＞をクリックすると左右に、それぞれ反転できます。

2 ＜描画ツール＞の＜書式＞タブをクリックして、

3 ＜回転＞をクリックし、

4 ＜左右反転＞をクリックすると、

5 図形が左右に反転します。

Section 52 図形の線や色を変更する

覚えておきたいキーワード
- ☑ 図形の枠線
- ☑ 図形の塗りつぶし
- ☑ スポイト

図形の枠線や直線、曲線などの太さや種類は変更することができます。また、プレゼンテーションのポイントとなる図形には、特別な色を設定して強調すると効果的です。図形の塗りつぶしと枠線は、それぞれ自由な色を設定することができます。

1 線の太さを変更する

 メモ　線の書式

図形の枠線や直線、曲線などの線の書式は、＜描画ツール＞の＜書式＞タブの＜図形の枠線＞で設定することができます。

ステップアップ　6ptよりも太い線に設定する

右の手順では、線の太さを6ptまでしか設定できません。6ptよりも太くしたい場合は、手順5で＜その他の線＞をクリックします。＜図形の書式設定＞作業ウィンドウが表示されるので、＜幅＞に数値を入力します。

ヒント　線の種類を変更するには？

線を破線や点線に変更したい場合は、手順4で＜実線／点線＞をポイントし、目的の線の種類をクリックします。

1 図形をクリックして選択し、

2 ＜描画ツール＞の＜書式＞タブをクリックして、

3 ＜図形の枠線＞のここをクリックし、

4 ＜太さ＞をポイントして、

5 目的の太さ（ここでは、＜6pt＞）をクリックすると、

6 線の太さが変わります。

第5章　図形の作成

2 線や塗りつぶしの色を変更する

1 図形をクリックして選択し、

2 ＜描画ツール＞の＜書式＞タブをクリックして、

3 ＜図形の枠線＞のここをクリックし、

4 目的の色（ここでは、＜オレンジ、アクセント2＞）をクリックします。

5 続けて＜図形の塗りつぶし＞のここをクリックし、

6 目的の色（ここでは、＜ゴールド、アクセント4＞）をクリックすると、

7 図形の枠線と塗りつぶしの色が変更されます。

メモ 図形の色の変更

直線や曲線、図形の枠線の色は＜描画ツール＞の＜書式＞タブの＜図形の枠線＞から、図形の塗りつぶしの色は＜図形の塗りつぶし＞から変更できます。
＜テーマの色＞に表示されている色は、プレゼンテーションに設定されているテーマとバリエーションで使用されている配色（P.58参照）です。＜テーマの色＞から色を選択した場合、テーマやバリエーションを変更すると、それに合わせて図形の色も変わります。

ヒント 線や塗りつぶしの色をなしにするには？

図形の枠線をなくしたい場合は、手順4で＜線なし＞をクリックします。また、図形の色を透明にしたい場合は、手順6で＜塗りつぶしなし＞をクリックします。

ステップアップ 目的の色が表示されない

目的の色が一覧に表示されない場合は、手順4で＜その他の線の色＞や6で＜その他の色＞をクリックします。＜色の設定＞ダイアログボックスが表示されるので、目的の色をクリックし、＜OK＞をクリックします。

ステップアップ 他のオブジェクトと同じ色にする

他の図形や画像などと色を同じにしたい場合は、手順4や6で＜スポイト＞をクリックし、他のオブジェクトの目的の色の部分をクリックします。

Section 53 図形にグラデーションやスタイルを設定する

覚えておきたいキーワード
- ☑ グラデーション
- ☑ スタイル
- ☑ 効果

図形には、かんたんにグラデーションを設定することができます。また、枠線や塗りつぶしの色や影などの書式が組み合わされた「スタイル」が用意されており、図形の書式をかんたんに整えることができます。ほかにも、影やぼかし、3-D回転などの「効果」を設定することも可能です。

1 グラデーションを設定する

ステップアップ オリジナルのグラデーションを設定する

グラデーションは、右の手順のようにあらかじめ用意されているバリエーションから選ぶことができますが、自分で色や角度などを設定することも可能です。その場合は、手順5で＜その他のグラデーション＞をクリックして、表示される＜図形の書式設定＞作業ウィンドウで＜塗りつぶし（グラデーション）＞をクリックし、種類や色、角度などを設定します。

1 ＜塗りつぶし（グラデーション）＞をクリックし、

2 種類や方向、角度、色などを設定します。

1 図形をクリックして選択し、

2 ＜描画ツール＞の＜書式＞タブをクリックして、

3 ＜図形の塗りつぶし＞のここをクリックし、

4 ＜グラデーション＞をポイントして、

5 目的のグラデーション（ここでは、＜左方向＞）をクリックすると、

ヒント グラデーションを削除するには？

グラデーションを削除するには、P.140 手順 5で＜グラデーションなし＞をクリックします。

2 スタイルを設定する

 図形をクリックして選択し、

メモ スタイルの配色

スタイルの配色は、プレゼンテーションに設定されているテーマやバリエーション（Sec.14 参照）によって異なります。

 ＜描画ツール＞の＜書式＞タブをクリックして、

3 ＜図形のスタイル＞グループのここをクリックし、

新機能 図形のスタイルが追加された

PowerPoint 2016 では、＜図形のスタイル＞に、塗りつぶしの色が透明なスタイルや半透明のスタイルが追加されました。

4 目的のスタイル（ここでは、＜パステル-緑、アクセント6＞）をクリックすると、

 図形にスタイルが設定されます。

ステップアップ 図形に効果を設定する

図形には、影、反射、光彩、ぼかし、面取り、3-D 回転の効果を設定することができます。図形をクリックして選択し、＜描画ツール＞の＜書式＞タブの＜図形の効果＞をクリックして、目的の効果を選択します。

Section 54 図形に文字列を入力する

覚えておきたいキーワード
☑ 図形
☑ 横書きテキストボックス
☑ 縦書きテキストボックス

楕円や長方形、三角形などの図形には、文字列を入力することができます。また、テキストボックスを利用すると、スライド上の自由な位置に、文字列を配置することができます。図形やテキストボックスの文字列には書式を設定することもできます。

1 作成した図形に文字列を入力する

 メモ 図形への文字列の入力

線以外の図形には、文字列を入力できます。文字列は、図形をクリックして選択すれば、そのまま入力できます。

1 図形をクリックして選択し、

2 文字列を入力します。

 ヒント 文字列に書式を設定するには?

文字列の色やサイズ、文字飾りなどの書式は、Sec.16 ～ 17 と同様の手順で設定することができます。

2 テキストボックスを作成して文字列を入力する

 メモ テキストボックスの作成

プレースホルダーとは関係なく、スライドに文字列を追加したい場合は、テキストボックスを利用します。
テキストボックスは、<ホーム>タブの<図形描画>グループや、<挿入>タブの<図形>からも挿入できます。

1 <挿入>タブの<テキストボックス>のここをクリックして、

2 <横書きテキストボックス>をクリックします。

メモ 縦書きのテキストボックスの作成

縦書きのテキストボックスを作成するには、P.142手順2で<縦書きテキストボックス>をクリックし、左の手順に従います。

ヒント テキストボックスの色を変更するには?

テキストボックスの枠線と塗りつぶしの色は、図形と同様の手順で変更することができます(Sec.52参照)。

ヒント テキストボックスの移動とサイズ変更

テキストボックスの移動やサイズ変更は、図形と同様の手順で行うことができます(Sec.49～50参照)。

ステップアップ テキストボックスの書式変更

テキストボックス内の余白や、文字列の垂直方向の配置などを設定するには、テキストボックスを選択し、<描画ツール>の<書式>タブの<図形のスタイル>グループのダイアログボックス起動ツール をクリックします。
<図形の書式設定>作業ウィンドウが表示されるので、<文字のオプション>をクリックして、<テキストボックス> をクリックし、目的の項目を設定します。

Section 55 図形の重なり順を調整する

覚えておきたいキーワード
- ☑ 前面へ移動
- ☑ 背面へ移動
- ☑ ＜選択＞ウィンドウ

図形を複数作成すると、新しく描かれたものほど前面に表示されます。重なった図形は、前後の順序を変更することができます。また、前面の図形に隠れて選択できない図形は、＜選択＞ウィンドウを利用すると、選択できるようになります。

1 図形の重なり順を変更する

メモ ＜ホーム＞タブの利用

＜ホーム＞タブの＜配置＞をクリックして、＜オブジェクトの順序＞から目的の項目をクリックしても、図形の重なり順を変更することができます。

 目的の図形をクリックして選択し、

ヒント 最背面に移動するには？

選択した図形を最背面に移動するには、手順❹で＜最背面へ移動＞をクリックします。

 ＜描画ツール＞の＜書式＞タブをクリックして、

 ＜背面へ移動＞のここをクリックし、

ヒント 前面に移動するには？

選択した図形を前面に移動するには、手順❸の画面で＜前面へ移動＞の▼をクリックし、＜前面へ移動＞をクリックします。また、＜最前面へ移動＞をクリックすると、最前面へ移動させることができます。

❹ ＜背面へ移動＞をクリックすると、

5 図形が1段階背面へ移動します。

ステップアップ ＜選択＞ウィンドウの利用

＜ホーム＞タブの＜選択＞をクリックして、＜オブジェクトの選択と表示＞をクリックすると、＜選択＞ウィンドウが表示されます。スライド上のオブジェクトが一覧で表示されるので、目的のオブジェクトをクリックして選択できます。背後に隠れて見えない図形を選択するときなどに便利です。

1 ＜ホーム＞タブの＜選択＞をクリックし、

2 ＜オブジェクトの選択と表示＞をクリックして、

3 目的の図形をクリックすると、

4 図形が選択されます。

Section 55 図形の重なり順を調整する

第5章 図形の作成

145

Section 56 図形の配置を調整する

覚えておきたいキーワード
- ☑ 配置
- ☑ 整列
- ☑ スマートガイド

複数の図形を配置するときに、図形の間隔や位置が揃っていないと、見映えがよくありません。図形の配置を整えるには、＜描画ツール＞の＜書式＞タブの＜配置＞を利用します。また、図形をドラッグして移動するときに表示される「スマートガイド」を利用しても、図形を整列させることができます。

1 複数の図形を等間隔に配置する

メモ 複数の図形の選択

複数の図形を選択するには、右図のように目的の図形を囲むようにドラッグするか、目的の図形を Shift または Ctrl を押しながら順にクリックします。

1 揃えたい図形がすべて囲まれるようにドラッグして図形を選択し、

2 ＜描画ツール＞の＜書式＞タブをクリックして、

3 ＜配置＞をクリックし、

4 ＜左右に整列＞をクリックすると、

メモ 複数の図形の間隔を揃える

複数の図形の間隔を揃えるには、目的の図形をすべて選択し、＜描画ツール＞の＜書式＞タブの＜配置＞をクリックして、＜左右に整列＞または＜上下に整列＞をクリックします。

5 図形が等間隔で配置されます。

2 複数の図形を整列させる

1 揃えたい図形がすべて囲まれるようにドラッグして図形を選択し、

2 ＜描画ツール＞の＜書式＞タブをクリックして、

3 ＜配置＞をクリックし、

4 ＜上下中央揃え＞をクリックすると、

5 図形が上下中央で揃えられます。

メモ ＜ホーム＞タブの利用

複数の図形の間隔や位置を揃えたい場合は、＜ホーム＞タブの＜配置＞も利用できます。

1 ＜ホーム＞タブの＜配置＞をクリックして、

2 ＜配置＞をポイントします。

ステップアップ スライドを基準に図形を配置する

スライドの左右中央など、スライドを基準に図形を揃えたい場合は、手順❸のあとに＜スライドに合わせて配置＞をクリックしてから、揃える位置をクリックします。

メモ スマートガイドの利用

図形をドラッグして移動すると、他の図形の端や中央と揃ったときや、他の図形との間隔が揃ったときに、「スマートガイド」が表示されます。これを目安にして図形の配置を調整することもできます。

上端が揃っていることを示すスマートガイド

等間隔であることを示すスマートガイド

Section 57 図形を結合／グループ化する

覚えておきたいキーワード
- 図形の結合
- グループ化
- グループ解除

「図形の結合」を利用すると、複数の図形を組み合わせて、接合、型抜き、切り出しなどの加工を行うことができます。また、複数の図形を「グループ化」しておくと、1つの図形のように扱えるので、まとめて移動したり、一括して大きさを変えたりするときに便利です。

1 複数の図形を結合する

メモ 図形の結合の種類

図形の結合には、＜接合＞、＜型抜き／合成＞、＜切り出し＞、＜重なり抜出＞、＜単純型抜き＞の5種類があります。

元の図形

＜接合＞

＜型抜き／合成＞

＜切り出し＞

＜重なり抜出＞

＜単純型抜き＞

1 結合する図形がすべて囲まれるようにドラッグして図形を選択し、

2 ＜描画ツール＞の＜書式＞タブをクリックして、

3 ＜図形の結合＞をクリックし、

4 目的の結合の種類（ここでは、＜接合＞）をクリックすると、

5 図形が接合されます。

ヒント グループ化されていると結合できない

図形がグループ化（P.149参照）されていると結合できないので、グループ化を解除してから（P.149「ヒント」参照）、結合します。

第5章 図形の作成

148

2 複数の図形をグループ化する

1 グループ化する図形がすべて囲まれるようにドラッグして図形を選択し、

2 <描画ツール>の<書式>タブをクリックして、

3 <グループ化>をクリックし、

4 <グループ化>をクリックすると、

5 図形がグループ化されます。

キーワード グループ化

「グループ化」とは、複数の図形を1つにまとめることです。
グループ化は、<描画ツール>の<書式>タブの<グループ化>または<ホーム>タブの<配置>から行います。

ステップアップ グループ化した図形を個別に編集する

グループ化した図形を個別に編集するには、グループ化された図形をクリックしてグループ化された図形全体を選択し、目的の図形をクリックして特定の図形を選択します。サイズの変更や移動、色の変更などを行うことができます。

ヒント グループ化を解除するには？

図形のグループ化を解除するには、グループ化された図形をクリックして選択し、<描画ツール>の<書式>タブの<グループ化>をクリックして、<グループ解除>をクリックします。

Section 58 SmartArtとは

覚えておきたいキーワード
- SmartArt
- 図表
- 組織図

「SmartArt」は、PowerPointに用意されている図表作成機能です。手順や階層構造、集合関係、マトリックスなど、豊富に用意されたレイアウトから、目的のものを選択し、各図形に文字列を入力するだけで、かんたんに図表を作成することができます。

1 豊富なレイアウト

メモ SmartArtのレイアウト

SmartArtには、＜リスト＞、＜手順＞、＜循環＞、＜階層構造＞、＜集合関係＞、＜マトリックス＞、＜ピラミッド＞、＜図＞の8種類に分類されたレイアウトが用意されています。

SmartArtには、豊富なレイアウトが用意されています。

2 SmartArtの使用例

メモ ＜手順＞のSmartArt

＜手順＞は、手順や流れを図解したいときに利用します。＜手順＞には下図のようなレイアウトがあります。

＜手順＞：＜縦方向プロセス＞

＜循環＞：＜基本の循環＞

＜階層構造＞：＜水平方向の組織図＞

＜集合関係＞：＜基本ベン図＞

メモ ＜循環＞のSmartArt

＜循環＞は、繰り返される流れを図解したいときに利用します。＜循環＞には下図のようなレイアウトがあります。

メモ ＜階層構造＞のSmartArt

＜階層構造＞は、組織図など階層のあるものを図解したいときに利用します。＜階層構造＞には下図のようなレイアウトがあります。

メモ ＜集合関係＞のSmartArt

＜集合関係＞は、ベン図やターゲット図などの集合関係を図解したいときに利用します。＜集合関係＞には下図のようなレイアウトがあります。

Section 59 SmartArtで図表を作成する

覚えておきたいキーワード
- ☑ SmartArtグラフィックの挿入
- ☑ レイアウト
- ☑ テキストウィンドウ

SmartArtで図表を作成するには、レイアウトを選択して、文字列を入力します。文字列を入力する方法には、テキストウィンドウを利用する方法と、図形に直接入力する方法があります。ここでは、＜手順＞の＜縦方向プロセス＞を利用してSmartArtを挿入する方法を解説します。

1 SmartArtを挿入する

メモ ＜挿入＞タブの利用

SmartArtは、＜挿入＞タブの＜SmartArt＞をクリックしても挿入できます。

メモ テキストウィンドウが表示される

SmartArtを挿入すると、図の横にテキストを入力するためのテキストウィンドウが表示されます。
テキストウィンドウを非表示にするには、テキストウィンドウ右上の＜閉じる＞をクリックするか、＜SmartArtツール＞の＜デザイン＞タブの＜テキストウィンドウ＞をクリックします。また、再度テキストウィンドウを表示するには、SmartArt横のボタン をクリックするか、＜SmartArtツール＞の＜デザイン＞タブの＜テキストウィンドウ＞をクリックします。

クリックすると、テキストウィンドウが表示されます。

1 プレースホルダーの＜SmartArtグラフィックの挿入＞をクリックすると、

2 ＜SmartArtグラフィックの選択＞ダイアログボックスが表示されるので、

3 目的の種類（ここでは、＜手順＞）をクリックして、

4 目的のレイアウト（ここでは、＜縦方向プロセス＞）をクリックし、

5 ＜OK＞をクリックすると、

テキストウィンドウ　　6 SmartArtが挿入されます。

2 SmartArtに文字列を入力する

1 テキストウィンドウ内をクリックして、

2 文字列を入力すると、

3 対応する図形にも、文字列が表示されます。

4 同様の手順で他の文字列を入力します。

 テーマによって色が異なる

挿入された SmartArt の色は、プレゼンテーションに設定されているテーマやバリエーション（Sec.14 参照）によって異なります。

 SmartArt への文字列の入力

テキストウィンドウで文字列を入力すると、対応する SmartArt の図形に文字列が表示されます。
また、SmartArt の各図形をクリックして、文字列を直接入力することもできます。

ヒント 箇条書きの項目を減らすには？

あらかじめ設定されている箇条書きの項目が多い場合は、箇条書きの行頭文字を削除します。
箇条書きの行末にカーソルを移動して、Delete を押すと、次の箇条書きの行頭記号が削除されます。

 SmartArt の文字列の書式設定

SmartArt に入力した文字列の書式は、プレースホルダーのテキストと同様、＜ホーム＞タブで変更できます。

Section 60 SmartArtに図形を追加する

覚えておきたいキーワード
- レベル
- 後に図形を追加
- 下に図形を追加

SmartArtに図形を追加するには、追加したい場所の隣に配置されている図形を選択して、＜SmartArt＞ツールの＜デザイン＞タブの＜図形の追加＞から図形を追加する位置を選択します。また、追加した図形は、あとからレベルを上げたり、下げたりすることもできます。

1 同じレベルの図形を追加する

キーワード レベル

SmartArtのレイアウトによっては、階層構造を示す「レベル」が図形に設定されています。

メモ 同じレベルの図形の追加

SmartArtに同じレベルの図形を追加するには、図形をクリックして選択するか、テキストウィンドウで図形を追加する部分をクリックして、＜SmartArtツール＞の＜デザイン＞タブの＜図形の追加＞の▼をクリックし、＜後に図形を追加＞または＜前に図形を追加＞をクリックします。

ヒント 箇条書きを追加するには？

テキストが箇条書きになっているレイアウトの場合は、テキストウィンドウまたはSmartArtの箇条書きを追加する場所にカーソルを移動して、＜SmartArtツール＞の＜デザイン＞タブの＜行頭文字の追加＞をクリックするか、Enterを押します。

1 図形を追加する部分をクリックして選択し、

2 ＜SmartArtツール＞の＜デザイン＞タブをクリックして、

3 ＜図形の追加＞のここをクリックし、

4 ＜後に図形を追加＞をクリックすると、

5 選択した図形の下に、同じレベルの図形が追加されます。

2 レベルの異なる図形を追加する

ここでは、<階層構造>:<水平方向の組織図>で解説します。

1 図形を追加する部分をクリックして選択し、

メモ レベルの異なる図形の追加

レベルの異なる図形を追加するには、図形をクリックして選択するか、テキストウィンドウで図形を追加する部分をクリックして、<SmartArtツール>の<デザイン>タブの<図形の追加>の⊡をクリックし、<上に図形を追加>または<下に図形を追加>をクリックします。

2 <SmartArtツール>の<デザイン>タブをクリックして、

3 <図形の追加>のここをクリックし、

4 <上に図形を追加>をクリックすると、

ヒント 図形のレベルを上げるには？

図形のレベルを上げるには、テキストウィンドウでレベルを変更する文字列の先頭にカーソルを移動して、[BackSpace]または、[Shift]を押しながら[Tab]を押します。
また、図形を選択し、<SmartArtツール>の<デザイン>タブの<レベル上げ>をクリックしても、レベルを上げることができます。

5 選択した図形の左に、上のレベルの図形が追加されます。

ヒント 図形のレベルを下げるには？

図形のレベルを下げるには、テキストウィンドウでレベルを変更する文字列の先頭にカーソルを移動して[Tab]を押します。
また、図形を選択し、<SmartArtツール>の<デザイン>タブの<レベル下げ>をクリックしても、レベルを下げることができます。

Section 61 SmartArtのスタイルを変更する

覚えておきたいキーワード
- スタイル
- 3-D
- 色の変更

＜SmartArtツール＞の＜デザイン＞タブには、SmartArtのスタイルやカラーバリエーションが豊富に用意されており、すばやく3-D効果を設定したり、デザインを変えたりすることができます。また、SmartArtの図形は、個別に色を変更したり、図形のスタイルを変更したりすることも可能です。

1 SmartArtのスタイルを変更する

メモ SmartArtのスタイルの変更

＜SmartArtツール＞の＜デザイン＞タブの＜SmartArtのスタイル＞には、白枠やグラデーション、3-Dなどの書式が設定されたスタイルが用意されています。

1 SmartArtをクリックして選択し、

2 ＜SmartArtツール＞の＜デザイン＞タブをクリックして、

3 ＜SmartArtのスタイル＞グループのここをクリックし、

ヒント SmartArtのレイアウトを変更するには？

作成したSmartArtのレイアウトを他のものに変更する場合は、SmartArtを選択し、＜SmartArtツール＞の＜デザイン＞タブの＜レイアウト＞グループから目的のレイアウトをクリックします。一覧に目的のレイアウトが表示されない場合は、＜その他のレイアウト＞をクリックすると、＜SmartArtグラフィックの選択＞ダイアログボックス(P.152参照)が表示されるので、目的のレイアウトをクリックし、＜OK＞をクリックします。

4 目的のスタイル（ここでは、＜光沢＞）をクリックすると、

5 スタイルが変更されます。

2 色を変更する

1 SmartArtをクリックして選択し、

2 <SmartArtツール>の<デザイン>タブをクリックして、

3 <色の変更>をクリックし、

4 目的の色（ここでは、<カラフル-全アクセント>）をクリックすると、

5 SmartArtの色が変更されます。

Section 61 SmartArtのスタイルを変更する

メモ SmartArt全体の色の変更

SmartArt全体の色を変更するには、<SmartArtツール>の<デザイン>タブの<色の変更>から、目的の色をクリックします。一覧に表示される色は、プレゼンテーションに設定されているテーマやバリエーション（Sec.14参照）によって異なります。

第5章 図形の作成

ステップアップ 図形の色を個別に変更する

SmartArtの図形の色を個別に変更するには、目的の図形をクリックして選択し、<SmartArtツール>の<書式>タブの<図形の塗りつぶし>をクリックして、目的の色をクリックします。

157

Section 62 テキストをSmartArtに変換する

覚えておきたいキーワード
- SmartArt に変換
- レイアウト
- テキストに変換

入力済みのテキストは、<ホーム>タブの<SmartArtに変換>を利用すると、レイアウトを選択するだけで、SmartArtに変換することができます。また、<SmartArtツール>の<デザイン>タブの<変換>を利用すると、SmartArtをテキストに変換することも可能です。

1 テキストをSmartArtに変換する

メモ レイアウトの選択

テキストをSmartArtに変換するには、テキストが入力されたプレースホルダーを選択するか、プレースホルダー内にカーソルを移動して、<ホーム>タブの<SmartArtに変換>をクリックし、レイアウトを選択します。一覧に目的のレイアウトが表示されない場合は、<その他のSmartArtグラフィック>をクリックすると、<SmartArtグラフィックの選択>ダイアログボックス(P.152参照)が表示されるので、目的のレイアウトをクリックし、<OK>をクリックします。

1 プレースホルダーをクリックして選択し、

2 <ホーム>タブの<SmartArtに変換>をクリックして、

3 目的のレイアウト(ここでは、<縦方向プロセス>)をクリックすると、

4 SmartArtに変換されます。

2 SmartArtをテキストに変換する

Section 62 テキストをSmartArtに変換する

> **メモ** SmartArtのテキストへの変換
>
> SmartArtを選択して、＜SmartArtツール＞の＜デザイン＞タブの＜変換＞をクリックし、＜テキストに変換＞をクリックすると、SmartArtがテキストに変換されます。
> SmartArtに画像を配置してある場合は、テキストに変換すると、画像が削除されます。

第5章 図形の作成

Section 63 SmartArtを図形に変換する

覚えておきたいキーワード
- ☑ 図形に変換
- ☑ グループ化
- ☑ グループ解除

SmartArtは、＜SmartArtツール＞の＜デザイン＞タブの＜変換＞から、図形に変換することができます。図形に変換した直後はグループ化されています。図形に変換すると、かんたんに各図形のサイズを変更したり、移動したりすることができます。

1 SmartArtを図形に変換する

メモ SmartArtの図形への変換

SmartArtを図形に変換すると、図形を個別に移動したり、削除したりすることができます。

5 図形に変換されます。

メモ　グループ化されている

SmartArtを図形に変換した直後の状態では、グループ化されています（P.149参照）。＜描画ツール＞の＜書式＞タブの＜グループ化＞をクリックし、＜グループ解除＞をクリックすると、グループ化が解除されます。

2 図形を個別にサイズ変更する

1 SmartArtから変換した図形をクリックして選択し、

2 図形をクリックして選択し、

メモ　各図形の編集

図形に変換したあとは、通常の図形と同様に、サイズを変更したり（P.134参照）、移動したり（P.132参照）、削除したりすることができます。

3 ハンドルにマウスポインターを合わせて、

4 ドラッグすると、

5 図形のサイズが変わります。

Section 64 既定の図形に設定する

覚えておきたいキーワード
- ☑ 既定の図形
- ☑ テーマ
- ☑ バリエーション

図形やテキストボックスを作成したときに適用される塗りつぶしの色や枠線の色、文字列のフォントなどの既定の書式は、プレゼンテーションに設定されているテーマやバリエーションによって異なります。既定の書式を変更すると、それ以降に作成する図形などに新しい書式が適用されます。

1 図形の既定の書式を変更する

メモ 図形の既定の書式の変更

図形の既定の書式を変更するには、図形を作成し、任意の書式を設定してから、図形を右クリックし、＜既定の図形に設定＞をクリックします。それ以降に新しく作成した図形には、新しい書式が適用されます。
なお、既定の書式が適用されるのは、同じプレゼンテーションファイルだけで、新しく作成したプレゼンテーションには反映されません。

ヒント テキストボックスの場合

テキストボックスの既定の書式を変更する場合は、テキストボックスに任意の書式を設定し、テキストボックスを右クリックして、＜既定のテキストボックスに設定＞をクリックします。

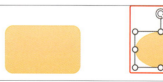

Chapter 06

第6章

表やグラフの作成

Section	65	表を作成する
	66	セルに文字を入力する
	67	行や列を追加／削除する
	68	行の高さや列の幅を調整する
	69	セルを結合／分割する
	70	罫線の種類や色を変更する
	71	表のサイズや位置を調整する
	72	Excelの表を挿入する
	73	グラフを作成する
	74	グラフのデータを入力する
	75	グラフの表示項目を調整する
	76	グラフの軸の設定を変更する
	77	グラフのデザインを変更する
	78	Excelのグラフを貼り付ける

Section 65 表を作成する

覚えておきたいキーワード
- ☑ 表
- ☑ セル
- ☑ スタイル

表を作成するには、プレースホルダーの<表の挿入>をクリックして、<表の挿入>ダイアログボックスで列数と行数を指定し、表の枠組みを作成します。また、表にはさまざまな書式の「スタイル」が用意されているので、かんたんに表のデザインを変更することができます。

1 表を挿入する

キーワード　列・行・セル

「列」とは表の縦のまとまり、「行」とは横のまとまりのことです。また、表のマス目を「セル」といいます。

メモ　<挿入>タブから表を挿入する

<挿入>タブの<表>をクリックすると表示されるマス目をドラッグして、行数と列数を指定した表を挿入することができます。また、<挿入>タブの<表>をクリックし、<表の挿入>をクリックすると、<表の挿入>ダイアログボックスが表示されます。

1 <挿入>タブをクリックして、

2 <表>をクリックし、

3 目的の行数と列数が選択されるようにドラッグします。

1 プレースホルダーの<表の挿入>をクリックして、

2 表の列と行数を入力し、

3 <OK>をクリックすると、

4 表の枠組みが作成されます。

第6章　表やグラフの作成

2 表のスタイルを設定する

1 表をクリックして選択し、

> **メモ** 表のスタイルの変更
>
> ＜表ツール＞の＜デザイン＞タブの＜表のスタイル＞には、セルの背景色や罫線の色などを組み合わせたスタイルが用意されており、表の体裁をかんたんに整えることができます。表のスタイルを変更するには、ここから目的のスタイルを選択します。
> スタイルを変更したあとにプレゼンテーションのテーマやバリエーションを変更すると、表の色が変更後の配色に変わります。

2 ＜表ツール＞の＜デザイン＞タブをクリックして、

3 ＜表のスタイル＞のここをクリックし、

4 目的のスタイルをクリックすると、

5 表のスタイルが変更されます。

> **ステップアップ** 表スタイルのオプションの設定
>
> ＜表ツール＞の＜デザイン＞タブの＜表スタイルのオプション＞グループでは、最初の列やタイトル行の書式を他の部分と区別したり、行を縞模様にしたりすることができます。

表スタイルのオプションを設定できます。

Section 66 セルに文字を入力する

覚えておきたいキーワード
- ☑ セル
- ☑ 中央揃え
- ☑ 文字の配置

表の枠組みを作成したら、各セルをクリックして文字を入力します。表に入力した文字は、プレースホルダーのテキスト同様、＜ホーム＞タブで配置を変更したり、フォントサイズやフォントの色などの書式を変更したりすることができます。

1 セルに文字を入力する

メモ キー操作によるセル間の移動

カーソルを移動するには、目的のセルをクリックするか、キーボードの ↑↓←→ を押します。
また、Tab を押すと右（次）のセルへ移動し、Shift を押しながら Tab を押すと、左（前）のセルへ移動します。

1 目的のセルをクリックしてカーソルを移動し、

2 文字列を入力します。

3 同様の手順で、他のセルにも文字列を入力します。

		2010	2013	2016
Word	基礎	9,500円	10,000円	10,500円
	応用	12,500円	13,000円	13,500円
Excel	基礎	10,000円	11,000円	11,500円
	応用	13,000円	14,000円	14,500円
PowerPoint	基礎	10,000円	11,000円	11,500円
	応用	13,000円	14,000円	14,500円

第6章 表やグラフの作成

2 文字列の配置を調整する

1 目的のセルをドラッグして選択し、

2 <表ツール>の<レイアウト>タブをクリックして、

セル内の文字列の配置

セル内の文字列の横位置は、<表ツール>の<レイアウト>タブの<左揃え>、<中央揃え>、<右揃え>変更できます。また、<ホーム>タブでも変更できます。

セル内の文字列の横位置を変更できます。

3 <中央揃え>をクリックすると、

4 文字列がセルの中央に配置されます。

ヒント セル内の文字列の縦位置を変更するには?

セル内の文字の縦位置は、<表ツール>の<レイアウト>タブの<上揃え>、<上下中央揃え>、<下揃え>から変更できます。

セル内の文字列の縦位置を変更できます。

ヒント セル内の文字列を縦書きにするには?

セル内の文字列を縦書きにするには、目的のセルを選択し、<表ツール>の<レイアウト>タブの<文字列の方向>をクリックして、<縦書き>または<縦書き(半角文字含む)>をクリックします。

1 <表ツール>の<レイアウト>タブの<文字列の方向>をクリックして、

2 <縦書き>または<縦書き(半角文字含む)>をクリックします。

Section 67 行や列を追加／削除する

覚えておきたいキーワード
- ☑ 行を挿入
- ☑ 列を挿入
- ☑ 行の削除

表は、あとから行や列を追加することができます。追加するときは、追加したい隣の行または列を選択し、＜表ツール＞の＜レイアウト＞タブから追加します。あらかじめ複数行（列）選択しておくと、選択した行（列）数だけ追加されます。また、行や列を削除することもできます。

1 列を追加する

 メモ　列・行の選択

列を選択するには、目的の列の上側または下側にマウスポインターを合わせ、形が黒い矢印に変わったところでクリックします。そのまま横にドラッグすると、複数の列を選択できます。
また、行を選択するには、目的の行の左側または右側にマウスポインターを合わせ、形が黒い矢印に変わったところでクリックします。そのまま縦にドラッグすると、複数の行を選択できます。

1 追加する隣の列の上をクリックして列を選択し、

2 ＜表ツール＞の＜レイアウト＞タブをクリックして、

3 ＜左に列を挿入＞をクリックすると、

メモ　列の追加

表に列を追加するには、追加する隣の列を、追加したい列数分選択し、＜表ツール＞の＜レイアウト＞タブの＜左に列を挿入＞または＜右に列を挿入＞をクリックします。

4 選択した列の左側に列が挿入されます。

 ヒント　行を追加するには？

表に行を追加するには、追加する隣の行を、追加したい行数分選択し、＜表ツール＞の＜レイアウト＞タブの＜上に行を挿入＞または＜下に行を挿入＞をクリックします。

2 列を削除する

1 削除する列の上をクリックして列を選択し、

2 ＜表ツール＞の＜レイアウト＞タブをクリックして、

3 ＜削除＞をクリックし、

4 ＜列の削除＞をクリックすると、

5 列が削除されます。

ヒント 行を削除するには？

行を削除するには、目的の行を選択し、＜表ツール＞の＜レイアウト＞タブの＜削除＞をクリックして、＜行の削除＞をクリックします。

ヒント 表を削除するには？

表を削除するには、表内にカーソルを移動し、＜表ツール＞の＜レイアウト＞タブの＜削除＞をクリックして、＜表の削除＞をクリックします。また、表の枠線をクリックして表全体を選択し、Delete または BackSpace を押しても削除できます。

Section 68 行の高さや列の幅を調整する

覚えておきたいキーワード
- ☑ 列の幅や行の高さの変更
- ☑ 幅を揃える
- ☑ 高さを揃える

セルの文字列の長さに対して、列の幅が広すぎたり、狭すぎたりする場合は、列の幅を調整します。列の幅や行の高さは、罫線をドラッグして変更できるほか、数値で指定することもできます。また、複数の列の幅や行の高さを揃えることもできます。

1 列の幅を調整する

ヒント 行の高さを調整するには？

横の罫線にマウスポインターを合わせると、形が ＝ に変わります。この状態で上下にドラッグすると、行の高さを変更することができます。

1 マウスポインターを縦の罫線に合わせると、形が ⇔ に変わるので、

ステップアップ 列の幅や行の高さを数値で指定する

列の幅や行の高さは、数値で指定することができます。目的の列または行を選択し、<表ツール>の<レイアウト>タブの<セルのサイズ>グループの<高さ>と<幅>に、それぞれ数値を入力します。

<高さ>と<幅>にそれぞれ数値を入力します。

2 ドラッグすると、

3 列の幅が変わります。

2 列の幅を揃える

1 目的の列をドラッグして選択し、

> **ヒント 行の高さを揃えるには？**
>
> 行の高さを揃えるには、目的の行をドラッグして選択し、＜表ツール＞の＜レイアウト＞タブの＜高さを揃える＞をクリックします。

2 ＜表ツール＞の＜レイアウト＞タブをクリックして、

3 ＜幅を揃える＞をクリックすると、

4 選択した列の幅が揃います。

Section 68 行の高さや列の幅を調整する

第6章 表やグラフの作成

171

Section 69 セルを結合／分割する

覚えておきたいキーワード
- ☑ セルの結合
- ☑ セルの分割
- ☑ 列数・行数

隣接する複数のセルを1つのセルにまとめたい場合は、「セルの結合」を利用します。また、「セルの分割」を利用すると、1つのセルを複数のセルに分割することができます。セルを分割するときには、分割後の列数と行数を指定します。

1 セルを結合する

メモ　セルの選択

セルを選択するには、セルの左下にマウスポインターを合わせ、形が黒の斜め矢印に変わったらクリックします。そのままドラッグすると、複数のセルを選択できます。
また、カーソルの状態でセルをドラッグしても選択できます。

1 結合したいセルをドラッグして選択し、

2 <表ツール>の<レイアウト>タブをクリックして、

3 <セルの結合>をクリックすると、

4 セルが結合されます。

ヒント　セルに文字列が入力されている場合は？

文字列が入力されているセルを結合しても、文字列はそのまま残ります。

2 セルを分割する

 分割したいセルをクリックして選択し、

 ＜表ツール＞の＜レイアウト＞タブをクリックして、

3 ＜セルの分割＞をクリックします。

 分割後のセルの列数と行数を入力して、

5 ＜OK＞をクリックすると、

6 セルが分割されます。

メモ　セルの分割

セルを複数のセルに分割する場合は、＜セルの分割＞ダイアログボックスで、いくつのセルに分割するかを、列数と行数で指定します。

ヒント　複数のセルをまとめて分割する場合は？

複数のセルを選択して左の手順に従うと、各セルをそれぞれ分割することができます。その場合、＜セルの分割＞ダイアログボックスでは、各セルをいくつのセルに分割するかを指定します。

Section 70 罫線の種類や色を変更する

覚えておきたいキーワード
- ペンのスタイル
- ペンの色
- 罫線を引く

表の罫線の種類や色、太さは、変更することができます。罫線の書式は、＜表ツール＞の＜デザイン＞タブの＜罫線の作成＞グループで設定します。そのあと、表の罫線をドラッグすると、罫線の書式が変更されます。また、表の罫線のない部分をドラッグすると、新たに罫線が引かれ、セルが分割されます。

1 罫線の書式を変更する

ステップアップ　罫線を非表示にする

セルの区切りはそのままで、罫線を非表示にしたい場合は、手順❸で＜罫線なし＞をクリックし、目的の罫線をドラッグします。

ヒント　罫線の太さを変更するには？

罫線の太さを変更するには、＜表ツール＞の＜デザイン＞タブの＜ペンの太さ＞から目的の太さをクリックし、罫線上をドラッグします。

1 ＜表ツール＞の＜デザイン＞タブをクリックして、
2 ＜ペンのスタイル＞のここをクリックし、
3 目的の罫線の種類をクリックして、

1 ＜表ツール＞の＜デザイン＞タブの＜ペンの太さ＞のここをクリックし、
2 目的の線の太さをクリックします。

4 ＜ペンの色＞をクリックし、
5 目的の色をクリックします。
6 ＜罫線を引く＞がオンになっていることを確認し、

7 書式を変更したい罫線をドラッグすると、

ヒント 罫線を削除するには？

＜表ツール＞の＜デザイン＞タブの＜罫線の削除＞をクリックしてオンにし、罫線をドラッグすると、罫線を削除して、セルを結合することができます。再度＜罫線の削除＞をクリックしてオフにすると、マウスポインターの形が元に戻ります。

8 罫線の書式が変わります。

メモ マウスポインターを元に戻す

手順**8**のあと、Escを押すか、＜表ツール＞の＜デザイン＞タブの＜罫線を引く＞をクリックしてオフの状態にすると、マウスポインターの形が元に戻ります。

9 Escを押すと、マウスポインターの形が元に戻ります。

ステップアップ 表に罫線を追加する

＜表ツール＞の＜デザイン＞タブの＜罫線の作成＞グループで罫線の書式を設定し、表の罫線がない部分をドラッグすると、罫線を追加することができます。このとき、追加した罫線によってセルも分割されます。

1 セル上をドラッグすると、

2 罫線が引かれます。

175

Section 71 表のサイズや位置を調整する

覚えておきたいキーワード
- 表のサイズ
- 表の位置
- 縦横比を固定する

表のサイズは、表を選択すると表示されるハンドルをドラッグすると変更できます。また、＜表ツール＞の＜レイアウト＞タブで、数値を指定してサイズを変更することも可能です。表の枠線をドラッグすると、位置を調整することができます。

1 表のサイズを調整する

ヒント　縦横比を変えずにサイズを変更するには？

Shift を押しながらハンドルをドラッグすると、表の縦横比を変えずにサイズを変更することができます。

1 表を選択して、ハンドルにマウスポインターを合わせ、

2 ドラッグすると、

3 表のサイズが変わります。

ステップアップ　数値で表のサイズを指定する

表のサイズは、数値で指定することができます。表を選択して、＜表ツール＞の＜レイアウト＞タブの＜表のサイズ＞グループの＜高さ＞と＜幅＞に、それぞれ数値を入力します。このとき、＜縦横比を固定する＞をオンにすると、表の縦横比が固定され、＜高さ＞または＜幅＞のどちらかの数値を入力すると、もう一方の数値が自動的に変更されます。

2 表の位置を調整する

1 表を選択して、枠線にマウスポインターを合わせ、

2 ドラッグすると、

スライドと表の左右中央が合ったことを示すスマートガイドが表示されています。

3 表が移動します。

ヒント 水平・垂直方向に移動するには？

表を水平・垂直方向に移動するには、Shift を押しながらドラッグします。

ステップアップ スライドの左右中央に配置する

表をスライドの左右中央や上下中央などに配置したい場合は、表を選択し、＜表ツール＞の＜レイアウト＞タブの＜配置＞をクリックして、目的の位置をクリックします。

Section 72 Excelの表を挿入する

覚えておきたいキーワード
- ☑ コピー
- ☑ 貼り付け
- ☑ リンク貼り付け

スライドには、Excelで作成した表をコピーして貼り付けることもできます。＜貼り付けのオプション＞を利用すると、Excelの書式を保持して貼り付けたり、テキストだけ貼り付けたりすることも可能です。また、リンク貼り付けを利用すると、元のExcelの表を編集したときに、スライドの表も更新されます。

1 表をそのまま貼り付ける

メモ 貼り付けのオプションの選択

手順7では、貼り付けのオプションを、＜貼り付け先のスタイルを使用＞、＜元の書式を保持＞、＜埋め込み＞、＜図＞、＜テキストのみ保持＞から選択します。ここでは、Excelの表の書式を適用するため、＜元の書式を保持＞をクリックします。

なお、貼り付けのオプションは、＜ホーム＞タブの＜貼り付け＞のアイコン部分をクリックして貼り付けたあと、表の右下に表示される＜貼り付けのオプション＞から選択できます。

1 クリックして、
2 貼り付けのオプションを選択します。

1 Excelの表をドラッグして選択し、
2 ＜ホーム＞タブをクリックして、
3 ＜コピー＞をクリックします。

4 PowerPointで貼り付けるスライドを表示して、
5 ＜ホーム＞タブをクリックし、
6 ＜貼り付け＞のここをクリックして、

7 ＜元の書式を保持＞をクリックすると、

Section 72 Excelの表を挿入する

ステップアップ 貼り付けた表の編集

貼り付けた表は、PowerPointで作成した表と同様の操作で編集できます。

2 Excelとリンクした表を貼り付ける

ヒント リンク元のファイルを開くには？

リンク貼り付けした表のリンク元のファイルを開くには、表をダブルクリックします。

ヒント リンク元のファイルを編集すると？

リンク元のファイルを編集すると、貼り付け先のファイルを開くときに、下図のメッセージが表示されます。<リンクを更新>をクリックすると、データが更新されます。

<リンクを更新>をクリックします。

第6章 表やグラフの作成

179

Section 73 グラフを作成する

覚えておきたいキーワード
- ☑ 縦棒
- ☑ 折れ線
- ☑ グラフ要素

PowerPointでは、棒グラフ、折れ線グラフのような一般的なグラフをはじめ、多くの種類のグラフを作成できます。さらに、PowerPoint 2016では、作成できるグラフの種類が追加されました。このセクションでは、PowerPointで作成できるグラフの種類と、グラフの構成要素について解説します。

1 作成可能なグラフの種類

メモ PowerPointで作成できるグラフ

PowerPointで作成できるグラフの種類には、右図のようなものがあります。このうちの<組み合わせ>は、異なるグラフの種類を組み合わせることができます。

新機能 グラフの種類が増えた

PowerPoint 2016では、作成できるグラフの種類に、<ツリーマップ>、<サンバースト>、<ヒストグラム>、<箱ひげ図>、<ウォーターフォール>の5種類が新しく追加されました。

2 グラフの構成要素

キーワード グラフ要素

グラフを構成する要素のことを「グラフ要素」といいます。
グラフ要素の表示／非表示や書式設定を必要に応じて変更すると、より見やすいグラフを作成することができます。

キーワード データマーカーとデータ系列

グラフ内の値を表す部分を「データマーカー」、同じ項目を表すデータマーカーの集まりを「データ系列」といいます。

Section 74 グラフのデータを入力する

覚えておきたいキーワード
- ☑ グラフの挿入
- ☑ 集合縦棒
- ☑ ワークシート

スライドにグラフを挿入するには、グラフの種類を選択します。グラフとワークシートが表示されるので、ワークシートにデータを入力すると、リアルタイムでスライド上のグラフに反映されます。このセクションでは、集合縦棒グラフを例に、グラフの作成方法を解説します。

1 グラフを挿入する

メモ ＜挿入＞タブからのグラフの挿入

＜挿入＞タブの＜グラフ＞をクリックしても、＜グラフの挿入＞ダイアログボックスが表示され、スライドにグラフを挿入することができます。

1 プレースホルダーの＜グラフの挿入＞をクリックして、

2 グラフの種類をクリックして、

3 目的のグラフをクリックし、

4 ＜OK＞をクリックすると、

メモ グラフの種類の選択

＜グラフの挿入＞ダイアログボックスの左側でグラフの種類をクリックすると、該当するグラフの一覧が右側の上に表示されるので、目的のグラフをクリックすると、右側の下にプレビューが表示されます。プレビューをポイントすると、拡大表示されます。

5 サンプルのグラフが挿入され、

6 ワークシートが表示されます。

ヒント グラフの種類を変更するには？

グラフを挿入したあとに、グラフの種類を変更するには、グラフを選択して、＜グラフツール＞の＜デザイン＞タブの＜グラフの種類の変更＞をクリックします。＜グラフの種類の変更＞ダイアログボックスが表示されるので、グラフの種類を選択し、＜OK＞をクリックします。

2 データを入力する

1 各セルにデータを入力し、

2 不要な行の行番号を右クリックして、

3 ＜削除＞をクリックすると、

メモ データ範囲が自動的に変更される

データ範囲の外側の隣接したセルにデータを入力したり、列や行を挿入したりすると、データ範囲が自動的に拡張されます。また、列や行を削除すると、自動的にデータ範囲が縮小されます。

4 行が削除され、

5 データがグラフに反映されます。

ヒント ワークシートを閉じるには？

ワークシートを閉じるには、ワークシート右上の＜閉じる＞ ✕ をクリックします。
再度ワークシートを表示するには、グラフを選択し、＜グラフツール＞の＜デザイン＞タブの＜データの編集＞をクリックします。

Section 75 グラフの表示項目を調整する

覚えておきたいキーワード
- グラフタイトル
- 軸ラベル
- データラベル

グラフタイトルや軸ラベル、凡例などのグラフ要素は、項目ごとに表示／非表示を切り替えたり、表示する場所を設定することができます。グラフ要素は、グラフ右上の＜グラフ要素＞か、＜グラフツール＞の＜デザイン＞タブから設定できます。

1 グラフ要素の表示／非表示を切り替える

メモ グラフ要素の表示／非表示

グラフ要素の表示／非表示を切り替えるには、グラフを選択すると右上に表示される＜グラフ要素＞ + をクリックして、表示するグラフ要素をオンにします。
また、＜グラフツール＞の＜デザイン＞タブの＜グラフ要素を追加＞からも設定できます。

1 グラフをクリックして選択し、
2 ＜グラフ要素＞をクリックして、

3 ＜グラフタイトル＞をオフにすると、
4 グラフタイトルが非表示になります。

5 ＜軸ラベル＞をポイントして、

6 ここをクリックし、

7 ＜第1縦軸＞をオンにすると、

| ヒント | 軸ラベルを縦書きにするには？ |

軸ラベルを縦書きにするには、軸ラベルを選択し、＜ホーム＞タブの＜文字列の方向＞をクリックして、＜縦書き＞または＜縦書き（半角文字含む）＞をクリックします。

8 第1縦軸の軸ラベルが表示されるので、文字列をドラッグして選択し、

| ステップアップ | 軸ラベルの書式を変更する |

軸ラベルのフォントサイズやフォントの種類、フォントの色などの書式は、＜ホーム＞タブで変更できます。

9 文字列を入力します。

| ヒント | 軸ラベルを移動するには？ |

軸ラベルの位置を変更するには、軸ラベルを選択し、枠線にマウスポインターを合わせて、目的の位置へドラッグします。

2 グラフの数値データを表示する

ステップアップ パーセンテージを表示する

円グラフなどで、データラベルに値ではなくパーセンテージを表示したい場合は、手順❹の画面で<その他のオプション>をクリックします。<データラベルの書式設定>作業ウィンドウが表示されるので、<ラベルの内容>の<パーセンテージ>をオンにします。

<パーセンテージ>をオンにします。

1 グラフを選択して、<グラフ要素>をクリックし、

2 <データラベル>をポイントして、

3 ここをクリックし、

4 データラベルを表示させる場所をクリックすると、

5 データラベルが表示されます。

6 <グラフ要素>をクリックして非表示にします。

ステップアップ PowerPointで作成した表からグラフを作成する

PowerPointで作成した表からグラフを作成するには、はじめに表をコピーします。＜挿入＞タブからグラフを挿入し（P.182上の「メモ」参照）、ワークシートにコピーしたデータを貼り付けます。必要に応じて不要な行や列を削除して（P.183参照）、元の表を削除し、グラフの書式や位置、サイズを整えます。

1 表の枠線をクリックして選択し、
2 Ctrl + C を押します。

3 グラフを挿入し、
4 ワークシート右上のセルをクリックして選択し、
5 Ctrl + V を押すと、

6 データが貼り付けられます。
7 不要な行の行番号を右クリックして、
8 ＜削除＞をクリックし、
9 ＜閉じる＞×をクリックします。

10 元の表を削除し、グラフの位置を調整します。

Section 76 グラフの軸の設定を変更する

覚えておきたいキーワード
- ☑ 縦（値）軸
- ☑ 最小値
- ☑ 最大値

グラフの元となるデータの数値が大きいときや、データの差がわかりづらいときなどは、縦（値）軸の最小値を変更すると、グラフがわかりやすくなります。軸の設定は、＜軸の書式設定＞作業ウィンドウで変更できます。最大値、最小値のほか、表示形式や単位なども設定できます。

1 グラフの軸の設定を変更する

メモ グラフ要素の書式設定作業ウィンドウの表示

グラフ要素の書式設定作業ウィンドウを表示するには、目的のグラフ要素をダブルクリックするか、目的のグラフ要素を選択して、＜グラフツール＞の＜書式＞タブの＜選択対象の書式設定＞をクリックします。

1 縦（値）軸をダブルクリックすると、

2 ＜軸の書式設定＞作業ウィンドウが表示されます。

ヒント 作業ウィンドウを閉じるには？

作業ウィンドウを閉じるには、作業ウィンドウ右上の＜閉じる＞ ✕ をクリックします。

3 <最小値>、<最大値>、<目盛>の数値を入力すると、

4 縦（値）軸の数値と目盛間隔が変更されます。

ステップアップ 軸の数値を千単位で表示する

グラフのデータの数値が大きすぎて見づらい場合は、＜軸の書式設定＞作業ウィンドウで、縦（値）軸の数値を千単位や億単位で表示することができます。

1 ＜表示単位＞のここをクリックして、

2 目的の単位をクリックします。

ステップアップ 縦（値）軸の数値に「,」を表示する

縦（値）軸の数値に3桁区切りの「,」（カンマ）を表示するには、＜軸の書式設定＞作業ウィンドウの＜表示形式＞グループで設定を行います。

1 ＜表示形式＞をクリックして、
2 ＜数値＞を選択し、
3 ＜桁区切り(,)を使用する＞をオンにします。

Section 77 グラフのデザインを変更する

覚えておきたいキーワード
- ☑ グラフスタイル
- ☑ 色の変更
- ☑ 図形の塗りつぶし

＜グラフツール＞の＜デザイン＞タブには、グラフエリアやデータ系列などの書式が組み合わされた「グラフスタイル」が用意されており、デザインをかんたんに変更することができます。また、グラフ全体の色を変更したり、データ系列ごとに塗りつぶしの色や線の色などを変更したりすることも可能です。

1 グラフスタイルを変更する

メモ グラフスタイルの変更

＜グラフツール＞の＜デザイン＞タブの＜グラフスタイル＞グループには、グラフエリアの色が異なるもの、データ系列がグラデーションのもの、枠線だけのものなど、さまざまな書式が組み合わされたスタイルが用意されています。
データ系列の塗りつぶしを個別に設定したあとに、グラフスタイルを変更すると、スタイルが優先されて適用されます。

1 グラフをクリックして選択し、

2 ＜グラフツール＞の＜デザイン＞タブをクリックして、

3 ＜グラフスタイル＞グループのここをクリックし、

ヒント グラフスタイルを元に戻すには？

変更したグラフスタイルを元に戻すには、手順**4**で＜スタイル1＞をクリックします。

＜スタイル1＞をクリックします。

4 目的のスタイルをクリックすると、

5 グラフにスタイルが設定されます。

2 グラフ全体の色を変更する

1 グラフをクリックして選択し、
2 <グラフツール>の<デザイン>タブをクリックして、
3 <色の変更>をクリックし、

4 目的の色をクリックすると、

5 グラフの色が変更されます。

メモ　グラフの色の変更

グラフ全体の色は、<グラフツール>の<デザイン>タブの<色の変更>から目的の色をクリックします。
なお、一覧に表示される色は、プレゼンテーションに設定されているテーマやバリエーションによって異なります。

ステップアップ　データ系列の書式を個別に設定する

特定のデータ系列を目立たせたい場合などは、個別に書式を変更できます。目的のデータ系列を選択し、<グラフツール>の<書式>タブの<図形の塗りつぶし>、<図形の枠線>、<図形の効果>などで書式を変更します。

Section 78 Excelのグラフを貼り付ける

覚えておきたいキーワード
- コピー
- 貼り付け
- 貼り付けのオプション

スライドには、Excelで作成したグラフをコピーして貼り付けることができます。スライドにグラフを貼り付けると、グラフの右下に<貼り付けのオプション>が表示されるので、クリックして、グラフの貼り付け方法を選択することができます。

1 Excelのグラフを挿入する

メモ <貼り付けのオプション>の利用

グラフを貼り付けると右下に表示される<貼り付けのオプション> をクリックすると、<貼り付け先のテーマを使用しブックを埋め込む>、<元の書式を保持しブックを埋め込む>、<貼り付け先デーマを使用しデータをリンク>、<元の書式を保持しデータをリンク>、<図>のいずれかから、貼り付ける形式を選択できます。

① Excelのグラフをクリックして選択し、Ctrl + C を押してコピーし、

② PowerPointのスライドを表示して、Ctrl + V を押すと、

③ グラフが貼り付けられます。

左の「メモ」参照。

Chapter 07

第7章

画像や音楽などの挿入

Section	79	画像を挿入する
	80	スクリーンショットを挿入する
	81	挿入した画像をトリミングする
	82	挿入した画像をレタッチする
	83	挿入した画像の背景を削除する
	84	挿入した画像にスタイルを設定する
	85	音楽を挿入する
	86	動画を挿入する
	87	挿入した動画をトリミングする
	88	挿入した動画をレタッチする
	89	挿入した動画の音量を調整する
	90	挿入した動画に表紙を付ける
	91	WordやPDFの文書を挿入する
	92	ハイパーリンクを挿入する
	93	動作設定ボタンを挿入する

Section 79 画像を挿入する

覚えておきたいキーワード
- ☑ 図
- ☑ オンライン画像
- ☑ Bing イメージ検索

スライドには、デジタルカメラで撮影した画像やグラフィックソフトで作成した画像など、<u>さまざまな画像を挿入</u>できます。また、マイクロソフトが提供する検索サービス「Bing イメージ検索」を利用して、キーワードから<u>インターネット上の画像を検索して挿入</u>することも可能です。

1 パソコン内の画像を挿入する

メモ <挿入>タブの利用

<挿入>タブの<画像>をクリックしても、<図の挿入>ダイアログボックスが表示され、画像を挿入することができます。
この場合、空のコンテンツのプレースホルダーがある場合はプレースホルダーに画像が配置され、空のコンテンツのプレースホルダーがない場合はプレースホルダー以外の場所に画像が配置されます。

メモ 使用できるおもな画像のファイル形式

スライドに挿入できるおもな画像のファイル形式は、次のとおりです（かっこ内は拡張子）。

- Windows 拡張メタファイル（.emf）
- Windows メタファイル（.wmf）
- JPEG 形式（.jpg）
- PNG 形式（.png）
- Windows ビットマップ（.bmp）
- GIF 形式（.gif）
- 圧縮 Windows 拡張メタファイル（.emz）
- 圧縮 Windows メタファイル（.wmz）
- 圧縮 Macintosh PICT ファイル（.pcz）
- TIFF 形式（.tif）
- EPS 形式（.eps）
- PICT 形式（.pct）
- WordPerfect グラフィック（.wpg）

1 プレースホルダーの<図>をクリックして、

2 画像の保存場所を指定し、

3 目的の画像ファイルをクリックして、

4 <挿入>をクリックすると、

5 画像が挿入されます。

オプショナルツアー

シュノーケリングツアー
ナイトフィッシング
サンセットクルーズ
ヘリコプター遊覧飛行
トレッキングツアー

Section 79 画像を挿入する

メモ 画像の移動やサイズ変更

挿入された画像は、図形と同様の手順で移動したり、サイズを変更したりできます（Sec.49～50参照）。

メモ オンライン画像を挿入する

スライドには、インターネットで検索した画像を挿入することもできます。その場合は、プレースホルダーの＜オンライン画像＞アイコンや＜挿入＞タブの＜オンライン画像＞をクリックします。＜Bingイメージ検索＞のボックスにキーワードを入力し、Enterを押すと、検索結果が表示されます。検索結果の画像をクリックすると、下部に配布元へのリンクが表示されるので、クリックすると該当するWebページが表示されます。スライドに画像を挿入するには、目的の画像をクリックし、＜挿入＞をクリックします。

なお、Bingイメージ検索で検索される画像は、「クリエイティブ・コモンズ・ライセンス」という著作権ルールに基づいている作品です。作品のクレジット（氏名、作品タイトルなど）を表示すれば改変や営利目的の二次利用も可能なもの、クレジットを表示すれば非営利目的に限り改変や再配布が可能なものなど、作品によって使用条件が異なるので、画像をプレゼンテーションで使用したり、配布したりする際には注意が必要です。

1 キーワードを入力して、

2 Enterを押すと、

3 検索結果が表示されます。

4 目的の画像をクリックして、

画像の配布元へのリンクが表示されます。

5 ＜挿入＞をクリックすると、画像が挿入されます。

第7章 画像や音楽などの挿入

Section 80 スクリーンショットを挿入する

覚えておきたいキーワード
- ☑ スクリーンショット
- ☑ 画面の領域
- ☑ ハイパーリンク

スライドにパソコン画面のスクリーンショットを挿入することができます。ウィンドウ全体はもちろん、ウィンドウの一部の領域を指定して挿入することも可能です。「ペイント」などのアプリケーションを使用しなくても、PowerPoint の操作だけで行えます。

1 スクリーンショットを挿入する

 メモ　ウィンドウは開いておく

スライドにパソコン画面のスクリーンショットを挿入するときは、あらかじめスクリーンショットに使用するウィンドウを開いておきます。
なお、この方法では、Microsoft Edge や「天気」などのストアアプリのスクリーンショットは挿入できません。

1 スクリーンショットに使用するウィンドウを開いて、

2 PowerPointの<挿入>タブをクリックし、

3 <スクリーンショット>をクリックして、

4 目的のウィンドウをクリックします。

 メモ　ハイパーリンクの設定

Web ブラウザのスクリーンショットを挿入しようとすると、手順の画面が表示される場合があります。
<はい>をクリックすると、挿入したスクリーンショットに URL のハイパーリンクが設定されます。スライドショー実行中に画像をクリックすると、Web ブラウザが起動して挿入した画面が表示されます。
ハイパーリンクを設定しない場合は、<いいえ>をクリックします。

5 この画面が表示された場合は、ハイパーリンクを設定するかどうかを選択すると（左下の「メモ」参照）、

6 スクリーンショットが挿入されます。

2 指定した領域のスクリーンショットを挿入する

1 <挿入>タブをクリックし、

2 <スクリーンショット>をクリックして、

3 <画面の領域>をクリックします。

4 挿入する範囲を囲むように斜めにドラッグすると、スクリーンショットが挿入されます。

メモ 直前にウィンドウを表示する

画面の領域を指定してスクリーンショットを挿入する場合は、手順3のあと、自動的に直前に表示していたウィンドウが表示されるので、手順1の前に目的のウィンドウを表示しておきます。

メモ ストアアプリのスクリーンショットも挿入できる

画面の領域を指定する方法の場合は、ストアアプリのスクリーンショットも挿入することができます。

Section 81 挿入した画像をトリミングする

覚えておきたいキーワード
- ☑ トリミング
- ☑ 図形に合わせてトリミング
- ☑ 縦横比

「トリミング」とは、画像の特定の範囲を切り抜くことです。画像に不要なものが写っているときなどは、トリミングして必要な部分だけを切り抜きます。「図形に合わせてトリミング」を利用すると、角丸四角形や円、ハートなどの形で画像を切り抜くことができます。

1 トリミングする

ステップアップ 縦横比を指定してトリミング

下図の手順に従うと、画像の縦横比を指定して、トリミングすることができます。

1. <図ツール>の<書式>タブの<トリミング>のここをクリックし、
2. <縦横比>をポイントして、

3. 目的の縦横比をクリックします。

1. 画像をクリックして選択し、
2. <図ツール>の<書式>タブをクリックして、

3. <トリミング>のここをクリックすると、

4. 画像の周囲に黒いハンドルが表示されます。

5. 左上のハンドルにマウスポインターを合わせてドラッグし、

第7章 画像や音楽などの挿入

6 右下のハンドルも ドラッグして、

7 画像以外の部分を クリックすると、

> **メモ** トリミングの確定
>
> トリミングを確定するには、画像以外の部分をクリックするか、Escを押します。また、<図ツール>の<書式>タブの<トリミング>のアイコン部分をクリックしても行えます。

8 画像が トリミングされます。

2 形状を決めてトリミングする

1 画像を選択して、<図ツール>の<書式>タブをクリックし、

2 <トリミング>の ここをクリックして、

3 <図形に合わせてトリミング>をポイントし、

4 目的の図形をクリックすると、

5 選択した形でトリミングされます。

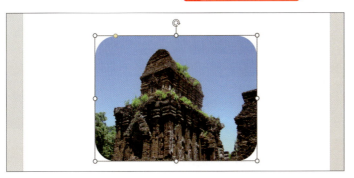

> **ステップアップ** トリミングの調整
>
> 図形に合わせてトリミングしたあと、図形の大きさやトリミングの位置を調整したい場合は、<図ツール>の<書式>タブの<トリミング>のアイコン部分をクリックします。黒いハンドルをドラッグすると図形の大きさが変わり、画像をドラッグすると表示される位置が変わります。

画像をドラッグすると、表示される位置が変わります。

黒いハンドルをドラッグすると、図形の大きさが変わります。

Section 81 挿入した画像をトリミングする

第7章 画像や音楽などの挿入

199

Section 82 挿入した画像をレタッチする

覚えておきたいキーワード
- 明るさ
- コントラスト
- アート効果

スライドに挿入した画像は、フォトレタッチソフトがなくても、PowerPointを利用して、明るさやコントラストを調整したり、ソフトネスやシャープネスを調整したりして、修整することができます。また、「アート効果」を利用すると、画像に絵画のような効果を与えることができます。

1 明るさやコントラストを調整する

メモ 明るさとコントラストの調整

画像の明るさとコントラスト（明暗の差）は、＜図ツール＞の＜書式＞タブの＜修整＞で調整できます。P.200 手順4では、明るさとコントラストを20％刻みで調整できます。また、＜図の書式設定＞作業ウィンドウを利用すると、数値を細かく設定できます（P.203上の「ステップアップ」参照）。

1 画像をクリックして選択し、

2 ＜図ツール＞の＜書式＞タブをクリックして、

3 ＜修整＞をクリックし、

4 目的の明るさとコントラストの組み合わせをクリックすると、

5 明るさとコントラストが変更されます。

ヒント 明るさとコントラストを元に戻すには？

明るさとコントラストを元に戻すには、P.200手順4で、＜明るさ：0％（標準） コントラスト：0％（標準）＞をクリックします。

2 シャープネスを調整する

1 画像をクリックして選択し、

メモ シャープネスの設定

被写体の輪郭をはっきりさせたい場合は、シャープネスを設定します。P.201 手順4では25％または50％で設定できますが、＜図の書式設定＞作業ウィンドウを利用すると、数値を細かく設定できます（P.203 上の「ステップアップ」参照）。

2 ＜図ツール＞の＜書式＞タブをクリックして、

3 ＜修整＞をクリックし、

ソフトネスを設定できます。

4 目的のシャープネスをクリックすると、

メモ ソフトネスの設定

被写体の輪郭をぼかしたい場合は、ソフトネスを設定します。ソフトネスを設定するには、左図で＜ソフトネス：25％＞または＜ソフトネス：50％＞をクリックします。また、＜図の書式設定＞作業ウィンドウを利用すると、数値を細かく設定できます（P.203 上の「ステップアップ」参照）。

ヒント シャープネス・ソフトネスを元に戻すには？

シャープネスまたはソフトネスを元に戻すには、P.201の手順④で、＜シャープネス：0%＞をクリックします。

5 画像にシャープネスが設定されます。

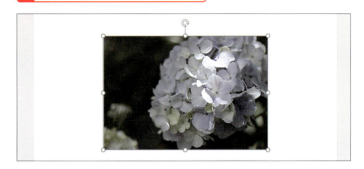

3 アート効果を設定する

キーワード アート効果

「アート効果」とは、マーカーや線画、水彩、パステルなど、画像に絵画のような効果を与える機能のことです。

1 画像をクリックして選択し、

2 ＜図ツール＞の＜書式＞タブをクリックして、

3 ＜アート効果＞をクリックし、

4 目的のアート効果（ここでは、＜マーカー＞）をクリックすると、

5 画像にアート効果が設定されます。

ヒント アート効果を元に戻すには？

アート効果を元に戻すには、P.202 の手順 **4** で、＜なし＞をクリックします。

 ステップアップ 明るさとコントラストの微調整

P.200 の手順**4**で＜図の修整オプション＞をクリックすると、＜図の書式設定＞作業ウィンドウが表示されるので、＜明るさ＞と＜コントラスト＞に数値を入力すると、微調整できます。
また、シャープネスやソフトネスも調整できます。

シャープネスやソフトネスを設定できます。

明るさとコントラストを設定できます。

ステップアップ アート効果の詳細設定

P.202 の手順**4**で＜アート効果のオプション＞をクリックすると、＜図の書式設定＞作業ウィンドウが表示され、透明度やサイズなど、詳細な設定を行うことができます。
なお、設定できる項目は、選択したアート効果の種類によって異なります。

アート効果のオプションを設定できます。

Section 83 挿入した画像の背景を削除する

覚えておきたいキーワード
- ☑ 背景の削除
- ☑ 保持する領域
- ☑ 削除する領域

商品画像など、被写体の輪郭を目立たせたい場合は、画像の背景を削除します。フォトレタッチソフトがなくても、PowerPointの機能で背景を削除することができます。背景を削除する場合は、背景がシンプルなもの、被写体と背景の色が似ていない画像を選ぶと、かんたんにできます。

1 画像の背景を削除する

メモ 画像の背景を削除

画像の不要な背景を削除して、被写体だけを切り抜くことができます。右の手順に従うと、画像を判別して、自動的に削除部分が選択されます。

1 画像をクリックして選択し、

2 <図ツール>の<書式>タブをクリックして、

3 <背景の削除>をクリックすると、

メモ 削除される部分は紫色になる

削除する部分は、紫色で表示されます。右図の場合、被写体の一部が白いハンドルの枠線からはみ出し、果物の間が残ってしまうので、削除する範囲を調整する必要があります。

4 画像の削除する部分が紫色で塗りつぶされます。

5 被写体が含まれるように、周囲の白いハンドルをドラッグし、

メモ　保持する範囲の変更

白いハンドルはドラッグして移動できるので、被写体が枠線におさまるように調整します。

6 ＜削除する領域としてマーク＞をクリックして、

7 紫色で塗りつぶされるまで、削除したい部分をクリックし、

メモ　削除する領域としてマーク

削除する範囲を追加したい場合は、＜背景の削除＞タブの＜削除する領域としてマーク＞をクリックし、画像の削除したい部分をクリックします。

8 ＜変更を保持＞をクリックすると、

9 背景が削除されます。

ヒント　必要な部分が削除範囲に選択されている場合は？

必要な部分が削除する範囲として選択されている場合は、＜背景の削除＞タブの＜保持する領域としてマーク＞をクリックして、画像の残したい部分をクリックします。

Section 84 挿入した画像にスタイルを設定する

覚えておきたいキーワード
- ☑ スタイル
- ☑ 図の枠線
- ☑ 図の効果

「スタイル」とは、枠線や影、ぼかし、3-D回転などの書式を組み合わせたもののことで、画像にスタイルを適用すると、かんたんに修飾することができます。また、＜図の枠線＞で画像に枠線を設定したり、＜図の効果＞で影やぼかし、面取りなどを設定したりすることも可能です。

1 スタイルを設定する

ヒント 画像に設定した書式を元に戻すには？

画像に設定した明るさやコントラストの調整、スタイルなどを元に戻すには、＜図ツール＞の＜書式＞タブの＜図のリセット＞の・をクリックし、＜図のリセット＞をクリックします。また、＜図とサイズのリセット＞をクリックすると、画像の書式とサイズ変更、トリミングが元に戻ります。

1 画像をクリックして選択し、

2 ＜図ツール＞の＜書式＞タブをクリックして、

3 ＜図のスタイル＞のここをクリックし、

4 目的のスタイル（ここでは、＜回転、白＞）をクリックすると、

ヒント 画像に枠線を付けるには？

画像に枠線を付けるには、＜図ツール＞の＜書式＞タブの＜図の枠線＞をクリックし、枠線の色を選択します。枠線の太さや種類も、＜図の枠線＞から変更できます。

5 画像にスタイルが設定されます。

2 効果を設定する

1 画像をクリックして選択し、

メモ 図の効果の設定

＜図ツール＞の＜書式＞タブの＜図の効果＞からは、影、反射、光彩、ぼかし、面取り、3-D回転の効果を設定することができます。

2 ＜図ツール＞の＜書式＞タブをクリックして、

3 ＜図の効果＞をクリックし、

 4 ＜ぼかし＞をポイントして、

5 目的のぼかしのサイズをクリックすると、

 6 ぼかしが設定されます。

ヒント 画像を差し替えるには？

スライドに挿入した画像を他の画像に差し替えるには、画像をクリックして選択し、＜図ツール＞の＜書式＞タブの＜図の変更＞をクリックします。
この方法で差し替えると、画像の位置やサイズ、スタイルはそのままで画像が差し替えられるので、編集する手間が省けます。

Section 85 音楽を挿入する

覚えておきたいキーワード
- オーディオ
- サウンドのアイコン
- バックグラウンド

スライドに合わせて効果音やBGMなどのオーディオを再生すると、出席者の関心をひきつけ、プレゼンテーションの内容を効果的に伝えることができます。オーディオは、次のスライドに切り替わってからも再生し続けたり、繰り返し再生したりすることができます。

1 パソコン内の音楽を挿入する

メモ オーディオファイルの挿入

スライドに挿入できるオーディオファイルの種類は、次のとおりです（かっこ内は拡張子）。

- ADTS Audio（.adts）
- AIFF audio file（.aif）
- AU audio file（.au）
- FLAC Audio（.flac）
- MIDI file（.mid）
- MKA Audio（.mka）
- MP3 audio file（.mp3）
- MP4 Audio（.m4a）
- Windows audio file（.wav）
- Windows Media Audio file（.wma）

1 オーディオを挿入するスライドを表示して、

2 ＜挿入＞タブの＜オーディオ＞をクリックし、

3 ＜このコンピューター上のオーディオ＞をクリックします。

4 ファイルの保存場所を指定して、

5 目的のファイルをクリックし、

6 ＜挿入＞をクリックすると、

ヒント オーディオを削除するには？

スライドに挿入したオーディオを削除するには、スライド上のサウンドのアイコンをクリックして選択し、Delete を押します。

7 オーディオが挿入され、サウンドのアイコンが表示されます。

8 アイコンにマウスポインターを合わせ、

9 ドラッグすると、アイコンが移動します。

Section 85 音楽を挿入する

ステップアップ 次のスライドに切り替わったあとも再生する

初期設定では、次のスライドに切り替わると、オーディオの再生が停止します。
次のスライドに切り替わったあとも再生されるようにするには、サウンドのアイコンをクリックして選択し、＜オーディオツール＞の＜再生＞タブの＜スライド切り替え後も再生＞をオンにします。

＜スライド切り替え後も再生＞をオンにします。

ヒント BGMとして利用するには？

サウンドのアイコンをクリックして選択し、＜オーディオツール＞の＜再生＞タブの＜バックグラウンドで再生＞をクリックすると、＜開始＞が＜自動＞に設定され（下の「ヒント」参照）、＜スライド切り替え後も再生＞、＜停止するまで繰り返す＞、＜スライドショーを実行中にサウンドのアイコンを隠す＞の各項目がオンになります。

ヒント オーディオを自動で再生させるには？

初期設定では、スライドショーを実行したときに、サウンドのアイコンをクリックすると、オーディオが再生されます。オーディオを挿入したスライドが表示されたときに自動的にオーディオが再生されるようにするには、サウンドのアイコンをクリックして選択し、＜オーディオツール＞の＜再生＞タブの＜開始＞で＜自動＞を選択します。

1 サウンドのアイコンをクリックして選択し、

2 ＜オーディオツール＞の＜再生＞タブをクリックして、

3 ＜開始＞のここをクリックし、

4 ＜自動＞をクリックします。

第7章 画像や音楽などの挿入

Section 86 動画を挿入する

覚えておきたいキーワード
- ☑ ビデオの挿入
- ☑ YouTube
- ☑ 埋め込みコード

スライドには、デジタルビデオカメラで撮影した動画や、インターネット上に公開されている動画を挿入することができます。インターネット上の動画の場合は、動画サイト「YouTube」でキーワード検索を行って目的の動画を探せるほか、埋め込みコードを利用することも可能です。

1 パソコン内の動画を挿入する

メモ ＜挿入＞タブの利用

＜挿入＞タブの＜ビデオ＞をクリックし、＜このコンピューター上のビデオ＞をクリックしても、＜ビデオの挿入＞ダイアログボックスを表示させることができます。

1 動画を挿入するスライドを表示して、

2 プレースホルダーの＜ビデオの挿入＞をクリックし、

3 ＜ファイルから＞をクリックします。

Section 86 動画を挿入する

4 ファイルが保存されている場所を指定して、
5 目的のファイルをクリックし、
6 <挿入>をクリックすると、
7 動画が挿入されます。

クリックすると、動画が再生されます。

メモ 使用できる動画のファイル形式

スライドに挿入できる動画のファイル形式は、次のとおりです（かっこ内は拡張子）。

・Windows Media file（.asf）
・Windows video file（.avi）
・MK3D Video（.mk3d）
・MKV Video（.png）
・QuickTime Movie file（.mov）
・MP4 Video（.mp4）
・Movie File（.mpeg）
・MPEG-2 TS Video（.m2ts）
・Windows Media Video Files（.wmv）
・Adobe Flash Media（.swf）

ヒント 動画を削除するには？

挿入した動画を削除するには、スライド上の動画をクリックして選択し、Deleteを押します。

メモ 動画の再生開始

初期設定では、動画の画面または画面下に表示される<再生／一時停止>▶をクリックすると、動画が再生されます。スライドが切り替わったときに自動的に動画が再生されるようにするには、動画をクリックして選択し、<ビデオツール>の<再生>タブの<開始>で<自動>をクリックします。

1 <ビデオツール>の<再生>タブをクリックして、
2 <開始>のここをクリックし、
3 <自動>をクリックします。

第7章 画像や音楽などの挿入

2 オンラインの動画を挿入する

メモ オンラインビデオの挿入

スライドには、インターネット上に公開されている動画を挿入できます。ここでは、YouTubeに公開されている動画をキーワードで検索して挿入する方法を解説します。
なお、動画をプレゼンテーションで使用したり、配布したりする際には、動画の著作権に注意してください。

6 動画が挿入されます。

7 動画をダブルクリックして、

8 動画をクリックすると、

9 動画が再生されます。

Section 86 動画を挿入する

ステップアップ 埋め込みコードを利用する

埋め込みコードを利用して、オンラインの動画を挿入するには、手順**2**で＜ビデオ埋め込みコード＞のボックスに埋め込みコードを入力します。

なお、2015年9月現在、YouTubeの埋め込みコードを利用しても動画を挿入できません。

埋め込みコードを入力して、Enterを押すと、動画が挿入されます。

第7章 画像や音楽などの挿入

Section 87 挿入した動画をトリミングする

覚えておきたいキーワード
- ☑ トリミング
- ☑ ハンドル
- ☑ ビデオのトリミング

PowerPointには、かんたんな動画の編集機能が用意されています。画面の端に余計なものが映りこんでしまった場合は、画面の一部をトリミングすることができます。また、「ビデオのトリミング」を利用すると、動画の前後を削除することができます。

1 表示画面をトリミングする

メモ ビデオの表示画面のトリミング

特定の範囲を切り抜くことを、「トリミング」といいます。ビデオの画面に余計なものが映り込んでしまった場合は、画像と同様、トリミングすることができます。

6 ドラッグし、

7 他のハンドルもドラッグして、

8 ＜ビデオツール＞の＜書式＞タブをクリックし、

9 ＜トリミング＞をクリックすると、

10 動画の表示画面がトリミングされます。

ヒント トリミングを元に戻すには？

トリミングを元に戻すには、動画をクリックして選択し、＜ビデオツール＞の＜書式＞タブの＜トリミング＞をクリックします。元の表示画面の周囲に丸いハンドルが、トリミング位置に黒いハンドルが表示されるので、黒いハンドルを元の領域までドラッグします。

ステップアップ 動画のサイズ変更と移動

スライドに挿入した動画は、図形と同様の方法でサイズや位置を変更できます（P.132、134参照）。

2 表示時間をトリミングする

　メモ　ビデオのトリミング

動画の前や後ろ部分が不要な場合は、ビデオのトリミングを利用して、再生されないようにすることができます。

1 動画をクリックして選択し、

2 <ビデオツール>の<再生>タブをクリックして、

3 <ビデオのトリミング>をクリックすると、

4 <ビデオのトリミング>ダイアログボックスが表示されます。

メモ 開始位置と終了位置の指定

＜ビデオのトリミング＞ダイアログボックスでは、トリミング後のビデオの再生開始位置と終了位置を指定します。プレビューの下に表示される緑色のスライダーをドラッグすると開始位置を、赤色のスライダーをドラッグすると終了位置を指定できます。

Section 88 挿入した動画をレタッチする

覚えておきたいキーワード
- ☑ 明るさ
- ☑ コントラスト
- ☑ スタイル

スライドに挿入した動画は、明るさやコントラスト（明暗の差）を調整することができます。また、枠線や影、ぼかしなどの書式を組み合わせた「スタイル」が用意されているので、動画をかんたんに装飾することもできます。これらの設定は、＜ビデオツール＞の＜書式＞タブから行います。

1 明るさやコントラストを調整する

ステップアップ 明るさやコントラストの微調整

右図では、明るさとコントラストを20%ごとに調整できます。
手順4で＜ビデオの修整オプション＞をクリックすると、＜ビデオの設定＞作業ウィンドウが表示されるので、＜明るさ＞と＜コントラスト＞に数値を入力すると、明るさとコントラストを微調整することができます。

明るさとコントラストを調整できます。

1. 動画をクリックして選択し、
2. ＜ビデオツール＞の＜書式＞タブをクリックして、
3. ＜修整＞をクリックし、
4. 目的の明るさとコントラストの組み合わせをクリックすると、
5. 明るさとコントラストが変更されます。

2 スタイルを設定する

1 <ビデオツール>の<書式>タブをクリックして、

2 <ビデオスタイル>グループのここをクリックし、

3 目的のスタイルをクリックすると、

4 動画にスタイルが設定されます。

ステップアップ 動画に枠線を設定する

動画に枠線を設定するには、<ビデオツール>の<書式>タブの<ビデオの枠線>をクリックし、目的の色をクリックします。枠線の種類や太さも<ビデオの枠線>から設定できますが、スタイルによっては設定できないこともあります。

ステップアップ 動画に影やぼかしなどの効果を設定する

ビデオには、影、反射、光彩、ぼかし、面取り、3-D回転の6種類の効果を設定することができます。効果は、<ビデオツール>の<書式>タブの<ビデオの効果>から設定できます。

Section 89 挿入した動画の音量を調整する

覚えておきたいキーワード
- ☑ 音量
- ☑ フェードイン
- ☑ フェードアウト

スライドに挿入した動画は、スライドショーで再生する前にあらかじめ音量を調整しておきましょう。また、動画の先頭と終わりには、フェードイン／フェードアウトを設定することが可能です。いずれの機能も、＜ビデオツール＞の＜再生＞タブで設定することができます。

1 音量を調整する

メモ 音量の調整

動画の音量の調整は、右の手順のほか、下図の手順でも行えます。

1 ここをポイントし、
2 スライダーをドラッグして音量を調整します。

1 動画をクリックして選択し、
2 ＜ビデオツール＞の＜再生＞タブをクリックして、

3 ＜音量＞をクリックし、
4 目的の音量をクリックします。

2 フェードイン／フェードアウトを設定する

1 動画をクリックして選択し、

2 <ビデオツール>の<再生>タブをクリックして、

3 <フェードイン>と<フェードアウト>の時間を指定します。

ステップアップ 動画を全画面で再生する

スライドショー実行中に動画を全画面で再生するには、動画をクリックして選択し、<ビデオツール>の<再生>タブの<全画面再生>をオンにします。

<全画面再生>をオンにします。

ステップアップ 動画を繰り返し再生する

スライドショー実行中に動画を繰り返し再生するには、動画をクリックして選択し、<ビデオツール>の<再生>タブの<停止するまで繰り返す>をオンにします。

<停止するまで繰り返す>をオンにします。

ヒント スライドショー実行中に音量を調整するには？

スライドショー実行中に動画の音量を調整するには、動画をポイントして、をポイントし、スライダーをドラッグします。をクリックするとミュートになります。

1 ここをポイントし、

2 スライダーをドラッグして音量を調整します。

Section 90 挿入した動画に表紙を付ける

覚えておきたいキーワード
- 表紙画像
- ファイルから画像を挿入
- 現在の画像

スライドに挿入した動画には、表紙の画像を追加することができます。表紙画像には、パソコンなどに保存されている画像ファイルのほか、動画のワンシーンを画像にして設定することも可能です。表紙画像は、<ビデオツール>の<書式>タブから設定します。

1 表紙を付ける

メモ 表紙画像の挿入

表紙画像には、別途用意した画像ファイルか、動画内の画像を指定できます。
ここでは、パソコンに保存されている画像ファイルを表紙画像に設定する方法を解説しています。

ヒント 動画内の画像を表紙画像にするには?

動画内の画像を表紙画像に設定するには、動画をクリックして選択し、<ビデオツール>の<書式>タブの<再生>をクリックします。目的の位置まで再生されたら、<ビデオツール>の<書式>タブの<一時停止>をクリックします。<ビデオツール>の<書式>タブの<表紙画像>をクリックし、<現在の画像>をクリックすると、表紙画像が挿入されます。

5 <ファイル>からをクリックして、

ステップアップ インターネット上の画像を検索して挿入する

インターネット上の画像を検索して表紙画像として挿入するには、左図の<Bingイメージ検索>ボックスにキーワードを入力し、Enterを押します。検索結果が表示されるので、目的の画像をクリックし、<挿入>をクリックします。P.195の下の「メモ」と同様に、画像の著作権には十分注意してください。

6 ファイルが保存されている場所を指定し、

7 目的のファイルをクリックして、

8 <挿入>をクリックすると、

9 表紙画像が挿入されます。

ヒント 表紙画像を削除するには？

表紙画像を削除するには、動画をクリックして選択し、<ビデオツール>の<書式>タブの<表示画像>をクリックして、<リセット>をクリックします。

Section 91 WordやPDFの文書を挿入する

覚えておきたいキーワード
- オブジェクトの挿入
- PDF
- リンク

スライドには、Word文書やPDFファイルなど、他のアプリケーションで作成したファイルをオブジェクトとして挿入することができます。挿入するファイルは、作成元のファイルにリンクさせることができます。また、スライドに挿入したオブジェクトは、作成したアプリケーションで編集できます。

1 スライドにファイルを挿入する

メモ　埋め込みオブジェクトの挿入

スライドには、Officeアプリケーションで作成したファイルやPDF文書、テキストファイルなど、さまざまなファイルをオブジェクトとして挿入することができます。

ヒント　オブジェクトを新しく作成するには?

スライド上でExcelやペイントなどの他のアプリケーションを利用して、新しいオブジェクトを作成することができます。<オブジェクトの挿入>ダイアログボックスで下の手順に従うと、タブなどがオブジェクトを作成するためのアプリケーションのものに変わったり、アプリケーションが起動したりするので、オブジェクトを作成します。

1 <新規作成>をクリックして、

2 オブジェクトの種類をクリックし、

3 <OK>をクリックします。

1 <挿入>タブの<オブジェクト>をクリックして、

2 <ファイルから>をクリックし、

3 <参照>をクリックします。

4 ファイルの保存場所を指定して、

5 目的のファイルをクリックし、

6 <OK>をクリックして、

7 <OK>をクリックすると、

8 ファイルが挿入されます。

メモ ファイルをリンクさせる

手順7の画面で<リンク>をオンにすると、ファイルをスライドへリンク貼り付けすることができます。作成元のファイルに変更を加えると、スライドに挿入したファイルにも、変更が反映されます。

ヒント 挿入したオブジェクトを削除するには？

挿入したオブジェクトを削除するには、目的のオブジェクトをクリックして選択し、Deleteを押します。

ステップアップ 挿入したオブジェクトの編集

挿入したオブジェクトを編集するには、オブジェクトをダブルクリックします。Officeアプリケーションで作成したファイルの場合は、タブが作成したアプリケーションのものに変わるので、編集します。編集が終わったら、オブジェクトの枠外をクリックすると、元の画面に戻ります。
その他のアプリケーションの場合は、作成したアプリケーションが起動して、オブジェクトを編集することができます。

Section 92 ハイパーリンクを挿入する

覚えておきたいキーワード
- ハイパーリンク
- リンク先
- アドレス

ハイパーリンクを設定すると、文字列やオブジェクトをクリックするだけで、リンク先のスライドやインターネット上のWebページを表示することができます。このセクションでは、文字列をクリックするとWebページが表示されるようにハイパーリンクを設定する方法を解説します。

1 ハイパーリンクを挿入する

メモ ハイパーリンクの設定

ハイパーリンクは、文字列だけでなく、グラフや図形、画像などのオブジェクトにも設定することができます。
ハイパーリンクを設定した文字列やオブジェクトをクリックすると、指定したリンク先が表示されます。

文字列にWebページへのハイパーリンクを設定します。

1 ハイパーリンクを設定する文字列を選択し、

2 <挿入>タブをクリックして、

3 <ハイパーリンク>をクリックします。

4 <ファイル、Webページ>をクリックして、

5 <アドレス>にURLを入力し、

6 <OK>をクリックすると、

ヒント リンク先に他のスライドを指定するには？

ハイパーリンクのリンク先に同じプレゼンテーション内の他のスライドを指定するには、手順4で<このドキュメント内>をクリックし、表示されるスライドの一覧から目的のスライドをクリックします。

メモ ハイパーリンクが設定された文字列

文字列にハイパーリンクを設定すると、左図のように下線が引かれ、フォントの色がハイパーリンク用の色に変わります。このフォントの色は、設定しているテーマとバリエーションの配色によって決まるので、フォントの色を変更するには、配色のオリジナルパターンを作成します（Sec.19参照）。

ヒント ハイパーリンクを解除するには？

ハイパーリンクを解除するには、ハイパーリンクが設定された文字列やオブジェクトを右クリックして、＜ハイパーリンクの削除＞をクリックします。

メモ リンク先の表示

スライドショー中にリンク先を表示するには、ハイパーリンクが設定された文字列やオブジェクトをクリックします。

Section 93 動作設定ボタンを挿入する

覚えておきたいキーワード
- ☑ 動作設定ボタン
- ☑ クリック時の動作
- ☑ ハイパーリンク

「動作設定ボタン」は、図形の一種で、ハイパーリンクを設定したり、他のアプリケーションが起動するようにしたりすることができます。このセクションでは、クリックすると最初のスライドを表示する動作設定ボタンを挿入する方法を解説します。

1 動作設定ボタンを挿入する

メモ 動作設定ボタンの機能

動作設定ボタンのうち、次の6種類は、クリック時に実行する動作があらかじめ設定されています。

前のスライドを表示します。
次のスライドを表示します。
最初のスライドを表示します。
最後のスライドを表示します。
最初のスライドを表示します。
直前のスライドを表示します。

① ＜挿入＞タブをクリックして、
② ＜図形＞をクリックし、
③ 目的の動作設定ボタン（ここでは、＜ホーム＞）をクリックして、

④ ボタンを挿入する位置でクリックします。

メモ 動作設定ボタンのサイズ

手順でスライド上を斜めにドラッグすると、ドラッグした大きさで動作設定ボタンを挿入することができます。

メモ 動作設定ボタンのリンク先の変更

あらかじめ動作が設定されたボタンの場合、＜オブジェクトの動作設定＞ダイアログボックスの＜マウスのクリック＞では、対応したリンク先が表示されます。リンク先を変更するには、＜ハイパーリンク＞の▽をクリックして、目的のリンク先をクリックします。

ステップアップ アプリケーションを起動させる

動作設定ボタンをクリックしたときに、アプリケーションが起動するようにするには、＜オブジェクトの動作設定＞ダイアログボックスの＜マウスのクリック＞で＜プログラムの実行＞をクリックし、＜参照＞をクリックします。＜起動するプログラムの選択＞ダイアログボックスが表示されるので、目的のアプリケーションをクリックして、＜OK＞をクリックします。

ステップアップ オブジェクトに動作を設定する

文字列やオブジェクトをクリックしたときに、アプリケーションが起動するようにするには、目的の文字列またはオブジェクトを選択して、＜挿入＞タブの＜動作＞をクリックします。＜オブジェクトの動作設定＞ダイアログボックスが表示されるので、動作設定ボタンと同様に設定を行います。

ヒント 動作設定ボタンを編集するには？

動作設定ボタンは、他の図形と同様に、サイズや色などを変更することができます（Sec.50、52参照）。

Chapter 08

第8章
アニメーションの設定

Section 94 テキストや図形にアニメーション効果を設定する
95 テキストの表示方法を変更する
96 SmartArtにアニメーションを設定する
97 グラフにアニメーションを設定する
98 指定した動きでアニメーションさせる
99 アニメーション効果をコピーする
100 アニメーション効果を活用する

Section 94 テキストや図形にアニメーション効果を設定する

覚えておきたいキーワード
- ☑ アニメーション効果
- ☑ 効果のオプション
- ☑ プレビュー

オブジェクトに注目を集めるには、「アニメーション効果」を設定して動きをつけます。このセクションでは、テキストが滑り込んでくる「スライドイン」のアニメーション効果を設定します。アニメーションの開始のタイミングや速度は、変更することができます。

1 アニメーション効果を設定する

メモ アニメーション効果の設定

テキストや図形、グラフなどのオブジェクトにアニメーション効果を設定するには、目的のオブジェクトを選択し、＜アニメーション＞タブから目的のアニメーションをクリックします。＜アニメーション＞タブでは、アニメーションの効果の追加や設定の変更なども行うことができます。

テキストに開始のアニメーション効果「スライドイン」を設定します。

1 アニメーション効果を設定するプレースホルダーの枠線をクリックして選択し、

2 ＜アニメーション＞タブをクリックして、

3 ＜アニメーション＞グループのここをクリックし、

4 目的のアニメーション効果をクリックすると、

5 アニメーションが再生され、アニメーション効果が設定されます。

2 アニメーション効果の方向を変更する

1 <アニメーション>タブをクリックし、

2 アニメーション効果の再生順序をクリックして選択し、

メモ アニメーション効果の種類

アニメーション効果には、大きくわけて次の4種類があります。

① <開始>
オブジェクトを表示するアニメーション効果を設定します。
② <強調>
スピンなど、オブジェクトを強調させるアニメーション効果を設定します。
③ <終了>
オブジェクトを消すアニメーション効果を設定します。
④ <アニメーションの軌跡>
オブジェクトを自由に動かすアニメーション効果を設定します（Sec.98参照）。

なお、手順4で目的のアニメーション効果が一覧に表示されない場合は、<その他の開始効果>などをクリックすると表示されるダイアログボックスを利用します。

メモ アニメーションの再生順序

アニメーション効果を設定すると、スライドのオブジェクトの左側にアニメーションの再生順序が数字で表示されます。アニメーション効果は、設定した順に再生されます。
なお、この再生順序は、<アニメーション>タブ以外では非表示になります。

メモ アニメーション効果の選択

アニメーション効果を選択するには、<アニメーション>タブをクリックして、目的のアニメーション効果の再生順序をクリックします。

Section 94 テキストや図形にアニメーション効果を設定する

メモ　アニメーションの方向

「スライドイン」や「ワイプ」など、一部のアニメーション効果では、オブジェクトが動く方向を設定できます。
なお、＜効果のオプション＞に表示される項目は、設定しているアニメーション効果によって異なります。

3 ＜効果のオプション＞をクリックして、

4 目的の方向をクリックします。

3 アニメーションのタイミングや速度を変更する

メモ　アニメーションの再生のタイミングの変更

オブジェクトに設定したアニメーション効果は、再生するタイミングを変更することができます。選択できる項目は、次のとおりです。

① ＜クリック時＞
　スライドショーの再生時に、画面上をクリックすると再生されます。
② ＜直前の動作と同時＞
　直前に再生されるアニメーションと同時に再生されます。
③ ＜直前の動作の後＞
　直前に再生されるアニメーションのあとに再生されます。前のアニメーションが終了してから次のアニメーションが再生されるまでの時間は、＜遅延＞で指定できます。

1 ＜アニメーション＞タブをクリックし、

2 アニメーション効果の再生順序をクリックして選択し、

3 ＜開始＞のここをクリックして、

4 目的のタイミングをクリックし、

メモ アニメーションの速度の変更

＜アニメーション＞タブの＜継続時間＞では、アニメーションの再生速度を設定することができます。数値が大きいほど、再生速度が遅くなります。

5 ＜遅延＞で再生開始までの時間を指定し、

6 ＜継続時間＞でアニメーションの速度を指定します。

4 アニメーション効果を確認する

1 ＜アニメーション＞タブをクリックして、

メモ アニメーション効果の確認

＜アニメーション＞タブの＜プレビュー＞のアイコン部分をクリックすると、そのスライドに設定されているアニメーション効果が再生されます。

2 ＜プレビュー＞のここをクリックすると、

3 アニメーションが再生されます。

Section 95 テキストの表示方法を変更する

覚えておきたいキーワード
- ☑ テキストの動作
- ☑ グループテキスト
- ☑ 段落レベル

アニメーション効果を設定したテキストは、文字単位で表示させることができます。段落レベルが設定されているテキストにアニメーション効果を設定すると、既定では異なる段落レベルのテキストが同時に再生されますが、第1レベルが再生されてから第2レベルが再生されるように変更することも可能です。

1 テキストが文字単位で表示されるようにする

メモ アニメーション効果の詳細設定

アニメーション効果を選択して、＜アニメーション＞タブの＜アニメーション＞グループのダイアログボックス起動ツール をクリックすると、アニメーション効果の名前のダイアログボックスが表示され、詳細を設定することができます。

① ＜アニメーション＞タブをクリックし、

② 目的のアニメーション効果の再生順序をクリックして選択し、
③ ＜アニメーション＞グループのここをクリックして、

↓

④ ＜効果＞をクリックし、

⑤ ＜テキストの動作＞のここをクリックして、
⑥ ＜文字単位で表示＞をクリックします。

ヒント テキストを単語単位で表示するには？

テキストを単語単位で表示するには、手順で＜単語単位で表示＞をクリックします。

メモ 文字が表示される間隔の設定

手順7では、次の文字が表示されるまでの間隔を設定できます。
「100」を入力すると、1つの文字のアニメーションが終了してから次の文字のアニメーションが開始します。

ステップアップ アニメーション再生後のテキストの色の変更

アニメーションの再生後にテキストの色を変更するには、手順7の画面で＜アニメーションの後の動作＞から、目的の色をクリックします。
なお、＜アニメーションの後で非表示にする＞をクリックすると、アニメーションの再生後にオブジェクトが非表示になります。

2 一度に表示されるテキストの段落レベルを変更する

メモ 一度に表示されるテキストの設定

段落レベル（P.72参照）の設定されたテキストにアニメーション効果を設定すると、既定では、異なる段落レベルのテキストのアニメーションが同時に再生されます。
右の手順では、第1段落レベルのテキストが再生されたあと、第2段落レベル以下のテキストが再生されるように設定を変更しています。

アニメーション効果「スライドイン」の「右から」を設定しています。

1 目的のプレースホルダーの枠線をクリックして選択し、

2 <アニメーション>タブをクリックして、

3 <アニメーション>グループのここをクリックします。

4 <テキストアニメーション>をクリックして、

5 <グループテキスト>のここをクリックし、

6 一度に表示するテキストの量を指定して、

7 <OK>をクリックすると、

ステップアップ アニメーション効果を繰り返す

アニメーション効果を繰り返すには、手順4の画面を表示して、下の手順に従います。

1 <タイミング>をクリックして、

2 <繰り返し>のここをクリックし、

3 目的の回数をクリックします。

一度に表示されるテキストの段落レベルが変更されます。

 アニメーションの再生順序を変更するには？

アニメーションの再生順序を変更するには、目的のアニメーション効果の再生順序を選択し、＜アニメーション＞タブの＜順番を前にする＞または＜順番を後にする＞をクリックします。

いずれかをクリックします。

ステップアップ　文字入りの図形でテキストだけにアニメーションを設定する

右図のように文字列の入力された図形（Sec.54参照）にアニメーション効果を設定すると、図形と文字列が同時に再生されます。アニメーション効果を図形には設定せず、文字にだけ設定する場合は、P.238手順4の画面を表示し、＜テキストアニメーション＞の＜添付されている図を動かす＞をオフにします。

また、図形と文字列のアニメーションを別々に再生させる場合は、＜アニメーション＞タブの＜効果のオプション＞をクリックし、＜段落別＞をクリックします。

オフにします。

Section 96 SmartArtにアニメーションを設定する

覚えておきたいキーワード
- ☑ 開始効果
- ☑ 効果のオプション
- ☑ レベル

SmartArtにもアニメーション効果を設定することができます。アニメーション効果を設定した直後の状態では、SmartArt全体が1つのオブジェクトとして再生されますが、図形を個別に再生したり、レベル別に再生させたりすることも可能です。

1 SmartArtにアニメーションを設定する

ステップアップ 複数のアニメーション効果を設定する

1つのオブジェクトには、たとえば開始と強調のように、複数のアニメーション効果を設定することもできます。その場合は、＜アニメーション＞タブの＜アニメーションの追加＞をクリックして、目的のアニメーション効果をクリックします。

メモ　SmartArtの表示方法

手順8では、SmartArtの表示方法を選択します。表示方法は、おもに次の5種類が用意されていますが、SmartArtのレイアウトの種類によって表示される項目が異なります。

① ＜1つのオブジェクトとして＞
SmartArt全体がレイアウトを保ったまま一度に再生されます。

② ＜すべて同時＞
SmartArtのすべての図形が同時に再生されます。

③ ＜個別＞
各図形が順番に再生されます。

④ ＜レベル（一括）＞
第1レベルの図形が同時に再生されたあと、第2レベルの図形が同時に再生されます。

⑤ ＜レベル（個別）＞
第1レベルの図形が順番に再生されたあと、第2レベルの図形が順番に再生されます。

Section 97 グラフにアニメーションを設定する

覚えておきたいキーワード
- ☑ グループグラフ
- ☑ 項目別
- ☑ 系列別

グラフにもアニメーション効果を設定することができます。アニメーション効果はグラフ全体だけでなく、グラフの各要素別に設定できるので、たとえば売上の伸びを段階的に表示するようなことができます。「ワイプ」を設定すると、棒グラフが根元から伸びるような動きになります。

1 グラフ全体にアニメーション効果を設定する

メモ Excelのグラフへのアニメーション効果

Excelで作成したグラフを貼り付けた場合（Sec.78参照）も、右の手順でアニメーション効果を設定できます。

5 グラフにアニメーション効果が設定されます。

2 グラフの項目表示にアニメーションを設定する

メモ　グラフの表示方法

グラフの表示方法は、アニメーション効果の名前のダイアログボックスの＜グラフアニメーション＞タブの＜グループグラフ＞で設定できます。グラフの種類によっては、設定できないものもあります。

メモ グラフの背景の設定

P.243の手順❻で<1つのオブジェクトとして>以外を選択すると、<グラフの背景を描画してアニメーションを開始>の設定が可能になります。オフにすると、グラフの軸や凡例などにはアニメーション効果が設定されず、表示されている状態からアニメーションの再生が開始します。

7 <グラフの背景を描画してアニメーションを開始>をオフにし、

8 <OK>をクリックすると、

9 グラフの表示方法が変更されます。

10 <アニメーション>タブをクリックして、

11 <プレビュー>をクリックすると、

12 アニメーションが再生されます。

ヒント アニメーション効果を変更するには？

設定したアニメーション効果を変更するには、目的のアニメーション効果を選択し、アニメーション効果を設定する場合と同様の方法で、アニメーション効果を選択します。

メモ ＜効果のオプション＞の利用

グラフのアニメーションの表示方法は、＜アニメーション＞タブの＜効果のオプション＞をクリックすると表示される一覧の＜連続＞グループから設定することもできます。

表示方法を設定できます。

Section 98 指定した動きでアニメーションさせる

覚えておきたいキーワード
- ☑ アニメーションの軌跡
- ☑ ユーザー設定パス
- ☑ 頂点の編集

「アニメーションの軌跡」を設定すると、オブジェクトを軌跡に沿って動かすことができます。軌跡はあらかじめ用意されているものから選択できるほか、自由に直線や曲線で描くこともできます。また、図形と同じように、軌跡の位置や大きさを変更することもできます。

1 アニメーションの軌跡を設定する

🔍 キーワード 軌跡

「軌跡」とは、オブジェクトが通る道筋のことで、オブジェクトにアニメーションの軌跡を設定すると、軌道に沿って動かすことができます。

1 オブジェクトを選択して、

2 <アニメーション>タブをクリックし、

3 <アニメーション>グループのここをクリックして、

メモ あらかじめ用意されている軌跡の設定

あらかじめ用意されているアニメーションの軌跡は、全63種類です。直線上や対角線上を移動する単純なものや、スライド上を跳ね回ったり、ジグザグに移動したりといった複雑な動きを設定できるものなどがあります。

4 <その他のアニメーションの軌跡効果>をクリックします。

アニメーション効果の確認

＜アニメーションの軌跡効果の変更＞ダイアログボックスの＜効果のプレビュー＞をオンにすると、項目を選択するごとにアニメーション効果のプレビューがスライドに表示されます。動きを確認してから設定することが可能です。

メモ 軌跡の始点と終点

アニメーションの軌跡を設定すると、始点に緑色の三角形が、終点に赤色の三角形が表示されます。

ヒント 逆方向に動かすには？

アニメーションの軌跡の方向を逆にするには、アニメーション効果を選択し、＜アニメーション＞タブの＜効果のオプション＞をクリックして、＜逆方向の軌跡＞をクリックします。

2 アニメーションの軌跡を描く

メモ　アニメーションの軌跡の描画

アニメーションの軌跡を描くには、右の手順に従ってドラッグし、終点をダブルクリックします。また、スライド上をクリックしていくと、その間を直線で結ぶことができます。

1 オブジェクトを選択して、

2 ＜アニメーション＞タブをクリックし、

3 ＜アニメーション＞グループのここをクリックして、

4 ＜ユーザー設定パス＞をクリックします。

ヒント アニメーション終了時にオブジェクトを消すには？

アニメーションが終了したらオブジェクトがスライド上から消えるように表現したい場合は、軌跡の終点をスライドの外に設定します。
なお、終了時にオブジェクトが非表示になるアニメーション効果（「スライドアウト」や「ブラインド」など）を設定しても、同じような表現になります。

ステップアップ アニメーションの軌跡の編集

アニメーションの軌跡を編集するには、アニメーションの軌跡を右クリックして、＜頂点の編集＞をクリックします。頂点に■が表示されるので、■をドラッグすると頂点が移動します。また、曲線の場合には、■をクリックするとハンドルが表示されるので、□をドラッグしてカーブを調整します。
頂点の編集が終了したら、軌跡以外の部分をクリックします。

Section 99 アニメーション効果をコピーする

覚えておきたいキーワード
- ☑ アニメーションのコピー
- ☑ 貼り付け
- ☑ オブジェクト

複数のオブジェクトに同じアニメーション効果を設定したい場合、1つ1つに何度も設定を繰り返すのは手間がかかります。＜アニメーションのコピー／貼り付け＞を利用すると、アニメーション効果を他のオブジェクトにコピーすることができます。

1 アニメーション効果をコピーする

ヒント コマンドが利用できない？

手順3で＜アニメーション＞タブの＜アニメーションのコピー／貼り付け＞がグレーアウトして利用できない場合は、コピーするアニメーション効果の再生順序をクリックして選択していることが原因です。オブジェクトをクリックして選択すると、＜アニメーションのコピー／貼り付け＞を利用できるようになります。

1 アニメーションをコピーするオブジェクトをクリックし、

2 ＜アニメーション＞タブをクリックして、

3 ＜アニメーションのコピー／貼り付け＞をクリックします。

4 貼り付け先のスライドを
クリックして、

5 アニメーション効果を
貼り付けたいオブジェクトを
クリックすると、

6 アニメーション効果が
貼り付けられます。

ステップアップ　複数のオブジェクトに貼り付ける

コピーしたアニメーション効果を複数のオブジェクトに貼り付けたい場合は、P.250 手順❸で＜アニメーション＞タブの＜アニメーションのコピー/貼り付け＞をダブルクリックします。マウスポインターの形が になるので、貼り付け先のオブジェクトをすべてクリックしてから、Escを押すと、マウスポインターの形が元に戻ります。

Section 99 アニメーション効果をコピーする

第8章 アニメーションの設定

251

Section 100 アニメーション効果を活用する

覚えておきたいキーワード
- ☑ ワイプ
- ☑ ズーム
- ☑ フェード

PowerPoint には数多くのアニメーション効果が用意されており、どれを選んでよいのか迷ってしまうことも多いと思います。このセクションでは、具体的にどのようなときにどのようなアニメーション効果を設定したらよいのか、いくつか例を紹介します。

1 テキストをシンプルに行頭から表示させる

メモ ＜ワイプ＞の設定

箇条書きなど、読ませたいテキストは、シンプルなアニメーション効果が見やすくておすすめです。＜ワイプ＞は端から徐々に表示されるアニメーション効果で、行頭から表示されるように方向を調整します。

開始：ワイプ（左から）

2 文字が拡大表示されたあとに暗くなって消えるようにする

メモ ＜ズーム＞と＜フェード＞の設定

文字が拡大されて表示されたあと、徐々に暗くなって消えるようなアニメーション効果は、開始の＜ズーム＞を設定したあと、＜アニメーションの追加＞で終了の＜フェード＞を設定します。ゆっくり表示されるようにすると（P.234 参照）、期待感が高まります。
また、縮小しながら消えるようにするには、終了の＜フェード＞を設定します。
キーワードを次々表示するような場面での使用をおすすめします。

開始：ズーム（オブジェクトの中央）＋終了：フェード

3 文字を点滅させて強調する

強調：ブリンク

メモ <ブリンク>の設定

文字を点滅させて強調するには、強調のアニメーション効果<ブリンク>を設定します。文字数の少ないテキストを目立たせたいときに使うとよいでしょう。2、3回繰り返すのがポイントです（P.238の「ステップアップ」参照）。

4 円グラフを時計回りに表示させる

開始：ホイール（1スポーク）

メモ <ホイール>の設定

円グラフを時計回りに表示させるには、開始のアニメーション効果<ホイール>を設定し、<効果のオプション>で<1スポーク>を設定します。
また、<効果のオプション>で<1つのオブジェクトとして>を設定すると円グラフ全体が続けて表示され、<項目別>を設定すると1項目ずつ表示されます。

5 エンドロールのようにテキストを表示させる

 ＜スライドイン＞の設定

映画のエンドロールのように、テキストがスライドの端から端まで流れるように表示させるには、開始のアニメーション効果＜スライドイン＞を設定します。このとき、テキストをスライドの外に配置してから設定するのがポイントです。初期設定のままではスピードが速すぎるので、テキストの行数に応じて、確認しながらスピードを調整します。

テキストは、スライドの外に配置しておきます。

開始：スライドイン（下から）

 ＜クレジットタイトル＞の利用

開始のアニメーション効果＜クレジットタイトル＞でも同じ効果は得られますが、テキストの行数が多いと、アニメーションの再生が途中で止まってしまう場合があります。＜スライドイン＞のほうがおすすめです。

Chapter 09

第9章
プレゼンテーションの実行

Section		
	101	プレゼンテーション実行の流れ
	102	発表者用のメモをノートに入力しておく
	103	スライドショーにナレーションを付けておく
	104	スライド切り替えのタイミングを設定しておく
	105	スライドを印刷しておく
	106	ノートを印刷しておく
	107	発表者ツールを使ってスライドショーを実行する
	108	スライドショーを進行する
	109	実行中のスライドにペンで書き込む
	110	スライドショー実行時の応用テクニック
	111	スライドショー実行時のトラブルシューティング
	112	オンラインでプレゼンテーションを行う

Section 101 プレゼンテーション実行の流れ

覚えておきたいキーワード
- ノート
- スライドショー
- 発表者ツール

どのようなプレゼンテーションを行うかによって、ナレーションの録音やスライドの切り替えのタイミングの設定などの準備が必要になります。本章の前半ではプレゼンテーションを行うための準備について、後半では実際にスライドショーを行う方法について解説します。

1 プレゼンテーションの準備を行う

ナレーションは録音しておくのか、スライドの切り替えは自動で行うのか、参加者への配付資料が必要なのかなど、プレゼンテーションの本番をイメージして、必要な準備を行います。

2 スライドショーを実行する

スライドショーを実行すると、スライドが紙芝居のように1枚ずつ表示されます。
プロジェクターを使用してプレゼンテーションを行う場合は、発表者ツールを利用すると、パソコンでスライドやノートを確認することができます。

発表者ツールの利用
（Sec.107参照）

スライドショーの実行
（Sec.107～108参照）

スライドへの書き込み
（Sec.109参照）

Section 102 発表者用のメモをノートに入力しておく

覚えておきたいキーワード
- ノート
- ノートウィンドウ
- ノート表示モード

スライドショーの実行中に使用する発表者用のメモや参考資料などは、「ノート」としてノートウィンドウに入力します。ノートは、スライドショーの実行中に発表者にだけ表示したり（Sec.107参照）、スライドとセットで印刷したり（Sec.106参照）することができます。

1 ノートウィンドウにノートを入力する

メモ ノートウィンドウを表示する

ノートウィンドウを表示するには、右の手順に従うか、下図のようにステータスバーの境界線にマウスポインターを合わせて上にドラッグします。
また、＜表示＞タブの＜表示＞グループの＜ノート＞をクリックしても、ノートウィンドウを表示させることができます。

上にドラッグします。

1 ウィンドウ右下の＜ノート＞をクリックすると、

2 ノートウィンドウが表示されます。

3 境界線にマウスポインターを合わせ、

4 ドラッグすると、ノートウィンドウの領域が広がります。

5 ノートウィンドウをクリックすると、文字を入力できる状態になるので、

メモ ノートの入力

ノートは、ノートウィンドウに入力します。また、次の「2ノート表示モードに切り替える」のように、画面をノート表示モードに切り替えて、ノートを入力することもできます。

6 文字列を入力します。

2 ノート表示モードに切り替える

1 <表示>タブをクリックして、

メモ ノート表示モードの利用

画面をノート表示モードに切り替えると、ノートを印刷した場合（Sec.106参照）のイメージを確認できます。
また、ノート表示モードでノートの部分をクリックすると、ノートの入力や編集を行うことができます。元の画面に戻るには、<表示>タブの<標準>をクリックするか、ウィンドウ右下の<標準>をクリックします。

2 <プレゼンテーションの表示>グループの<ノート>をクリックすると、

3 ノート表示モードに切り替わります。

クリックすると、編集できます。

ステップアップ ノートのレイアウトを変更するには？

ノートのレイアウトは、<表示>タブの<ノートマスター>をクリックすると表示されるノートマスターで変更することができます。
ノートマスターでは、スライドマスター（Sec.29参照）と同様に、書式を変更したり、プレースホルダーの位置やサイズを変更したりすることができます。

Section 103 スライドショーにナレーションを付けておく

覚えておきたいキーワード
- スライドショーの記録
- ナレーションの録音
- タイミング

プレゼンテーションには、音声のナレーションを付けることができます。ナレーションに合わせて、アニメーションの実行のタイミングやスライドの切り替えのタイミングも保存できるので、展示会などで自動的に実行されるスライドショーに利用するとよいでしょう。

1 ナレーションを録音する

キーワード ナレーション

「ナレーション」は、スライドショーを実行するときにスライドを切り替えるタイミングに合わせて再生されるように設定して、録音することができます。
ナレーションを録音するには、パソコンにマイクを接続する必要があります。

ヒント 途中のスライドから録音を開始するには？

途中のスライドから録音を開始する場合は、目的のスライドを表示してから右の手順に従い、手順3で<現在のスライドから録音を開始>をクリックします。

メモ ナレーションの録音

ナレーションの録音時は、スライドショーを実行しながら記録できるため、ナレーションに合わせて自動的にスライドが切り替わるように設定できます。
ただし、この場合には、設定した切り替え時間がナレーションより短いと、ナレーションが途中で切れてしまうので注意が必要です。

1. <スライドショー>タブをクリックして、
2. <スライドショーの記録>のここをクリックし、
3. <先頭から録音を開始>をクリックします。
4. 記録する項目をオンにして、
5. <記録の開始>をクリックすると、
6. スライドショーが開始されるので、マイクに向かってナレーションを吹き込みます。
7. スライド上をクリックすると、

8 アニメーションが開始されたり、スライドが切り替わったりするので、同様にナレーションを吹き込みます。

右の「メモ」参照。

9 すべてのスライドが表示し終わると、ナレーションとスライドの切り替えのタイミングが保存されます。

アイコンが表示されます。

10 <スライド一覧>をクリックすると、

11 スライドの表示時間を確認できます。

 スライドショーの進行

スライドショー実行中にスライドをクリックすると、アニメーションが開始したり、次のスライドに切り替わったりします。

 <記録中>ツールバーの利用

ナレーション録音中は、画面上に<記録中>ツールバーが表示されます。

次へ / スライド表示時間 / 記録の一時停止 / 繰り返し / 合計経過時間

ヒント ナレーションの録音を中止するには？

ナレーションの録音を中止するには、[Esc]を押します。
また、<記録中>ツールバーの<記録の一時停止>⏸をクリックすると、ナレーションの録音を一時停止することができます。

ヒント ナレーションの録音を削除するには？

録音したナレーションを削除するには、<スライドショー>タブの<スライドショーの記録>のテキスト部分をクリックして、<クリア>をポイントし、<現在のスライドのナレーションをクリア>または<すべてのスライドのナレーションをクリア>をクリックします。
また、<現在のスライドのタイミングをクリア>または<すべてのスライドのタイミングをクリア>をクリックすると、スライドの切り替えのタイミングが削除されます。

Section 104 スライド切り替えのタイミングを設定しておく

覚えておきたいキーワード
- ☑ リハーサル
- ☑ スライド切り替えのタイミング
- ☑ ＜記録中＞ツールバー

スライドショーを実行する際に、自動的にアニメーションを再生したり、スライドを切り替えたい場合は、リハーサル機能を利用してそれらのタイミングを設定します。切り替えのタイミングは、スライドショーを実行しながら設定したり、時間を入力して設定したりすることができます。

1 リハーサルを行って切り替えのタイミングを設定する

メモ リハーサル機能の利用

リハーサル機能を利用すると、実際にスライドの画面を見ながら、スライドごとにアニメーションを再生するタイミングやスライドを切り替えるタイミングを設定することができます。

1 ＜スライドショー＞タブをクリックして、

2 ＜リハーサル＞をクリックすると、

メモ タイミングの設定

リハーサルを行う際には、本番と同じように説明を加えながら、右の手順に従うか、＜記録中＞ツールバー（P.261の「メモ」参照）の＜次へ＞をクリックして、アニメーションを再生したり、スライドを切り替えたりします。
最後のスライドが表示し終わったあとに、切り替えのタイミングを記録すると、それが各スライドの表示時間として設定されます。

3 スライドショーのリハーサルが開始されます。

ヒント スライドの表示時間を入力して指定するには？

スライドの表示時間を入力して、スライドを切り替えるタイミングを設定することもできます（P.94参照）。

4 必要な時間が経過したら、スライドをクリックすると、

| 5 | アニメーションが開始されたり、スライドが切り替わったりします。 | 6 | 同様にスライドをクリックして、最後のスライドの表示が終わるまで、同じ操作を繰り返します。 |

メモ　アニメーションの再生

オブジェクトにアニメーション効果が設定されている場合は、スライドをクリックするたびに、アニメーションが再生されます。表示されているスライド上に設定されているアニメーションがすべて再生されてから、さらにクリックすると、次のスライドに切り替わります。

ヒント　リハーサルを一時停止するには？

＜記録中＞ツールバーの＜記録の一時停止＞をクリックすると、下図のメッセージが表示され、経過時間のカウントが一時停止します。＜記録の再開＞をクリックすると、カウントが再開します。

| 7 | 最後のスライドのタイミングを設定すると、この画面が表示されるので、 |

クリックすると、カウントが再開します。

| 8 | ＜はい＞をクリックすると、 |

| 9 | アニメーションの再生とスライドの切り替えのタイミングが保存されます。 |

| 10 | ＜スライド一覧＞をクリックすると、 |

ヒント　スライド表示時間をリセットするには？

＜記録中＞ツールバーの＜繰り返し＞をクリックすると、＜スライド表示時間＞が「0:00:00」に戻り、上図のメッセージが表示されます。＜記録の再開＞をクリックすると、スライドの切り替えのタイミングを設定し直すことができます。

ヒント　リハーサルを中止するには？

リハーサルを中止するには、[Esc]を押します。手順7の画面が表示されるので、＜いいえ＞をクリックします。

| 11 | スライドの表示時間を確認できます。 |

Section 105 スライドを印刷しておく

覚えておきたいキーワード
- ☑ 印刷
- ☑ 印刷プレビュー
- ☑ 配布資料

プレゼンテーションを行う際に、あらかじめスライドの内容を印刷したものを資料として参加者に配布しておくと、参加者は内容を理解しやすくなります。1枚の用紙にスライドを1枚ずつ配置したり、1枚の用紙に複数のスライドを配置したりして印刷できます。

1 スライドを1枚ずつ印刷する

メモ 印刷対象の選択

手順4では、次の4種類から印刷対象を選択することができます。

①フルページサイズのスライド
　スライドショーと同じ画面を印刷します。
②ノート
　ノートを付けて印刷します（P.268参照）。
③アウトライン
　スライドのアウトライン（第4章参照）を印刷します。
④配布資料
　1枚の用紙に複数枚のスライドを配置して印刷します（P.267参照）。

1 <ファイル>タブをクリックして、

2 <印刷>をクリックし、

3 ここをクリックして、

4 <フルページサイズのスライド>をクリックします。

ヒント スライドに枠線を付けて印刷するには？

スライドに枠線を付けて印刷するには、手順4の画面で<スライドに枠を付けて印刷する>をクリックしてオンにします。

5 ここをクリックして、

6 目的の印刷範囲をクリックし、

7 印刷プレビューを確認して（P.266の「メモ」参照）、

メモ 印刷範囲の選択

手順**6**では、次の4種類から印刷対象を選択することができます。

①すべてのスライドを印刷
　すべてのスライドを印刷します。
②選択した部分を印刷
　サムネイルウィンドウやスライド一覧表示モードで選択しているスライドを印刷します。
③現在のスライドを印刷
　現在表示しているスライドを印刷します。
④ユーザー設定の範囲
　下の＜スライド指定＞ボックスに入力した番号のスライドを印刷します。番号と番号の間は「,」（カンマ）で区切り、スライドが連続する範囲は、始まりと終わりの番号を「-」（ハイフン）で結びます。「1-3,5」と入力した場合、1、2、3、5番目のスライドが印刷されます。

Section 105 スライドを印刷しておく

 プリンターのプロパティの設定

手順8の画面で＜プリンターのプロパティ＞をクリックすると、プリンターのプロパティが表示され、用紙の種類や印刷品質、給紙方法などを設定することができます。

8 部数を入力し、

9 ＜印刷＞をクリックすると、

10 印刷が実行されます。

メモ 印刷プレビューの利用

＜ファイル＞タブの＜印刷＞パネルの右側には、印刷プレビューが表示され、スライドを印刷したときのイメージを確認することができます。

クリックすると、前のスライドまたは次のスライドを表示します。

スライダーをドラッグするかボタンをクリックすると、拡大／縮小されます。

クリックすると、ページ全体が表示されるように拡大／縮小されます。

2 1枚に複数のスライドを配置して印刷する

1 <ファイル>タブの<印刷>をクリックして、

2 ここをクリックし、

3 1枚の用紙に印刷したいスライドの枚数をクリックすると、

4 印刷プレビューの表示が切り替わります。

5 印刷部数を入力して、

6 <印刷>をクリックすると、印刷が実行されます。

メモ 配布資料の印刷

複数のスライドを1枚の用紙に配置して、配布用の資料を作成するには、手順3で<配付資料>グループから、1枚の用紙に印刷したいスライドの数を選択します。1枚の用紙に印刷できる最大のスライド枚数は9枚です。
なお、<3スライド>を選択した場合のみ、スライドの横にメモ用の罫線が表示されます。

ヘッダー・フッターを表示するには？

配付資料を印刷するときに、ヘッダーやフッターを挿入するには、ノートと同様の手順で<ヘッダーとフッター>ダイアログボックスの<ノートと配付資料>を利用します（P.268 手順4～ P.269 手順8参照）。

Section 106 ノートを印刷しておく

覚えておきたいキーワード
- ノート
- ヘッダーとフッター
- ページ番号

発表者用のメモであるノート（Sec.102参照）は、スライドと一緒に印刷することができます。また、＜ヘッダーとフッター＞ダイアログボックスの＜ノートと配布資料＞を利用して、日付やページ番号、ヘッダー、フッターを挿入して印刷することもできます。

1 ノートを印刷する

 メモ　ノートの印刷

ノートを印刷するには、手順3で＜ノート＞をクリックします。用紙の上部にスライドが、下部にノートが配置されて印刷されます。

 ヒント　モノクロで印刷するには？

スライドをモノクロで印刷するには、手順4の画面で下図の手順に従います。

1 ここをクリックし、

2 ＜グレースケール＞または＜単純白黒＞をクリックします。

1 ＜ファイル＞タブの＜印刷＞をクリックし、

2 ここをクリックして、

3 ＜ノート＞をクリックし、

4 ＜ヘッダーとフッターの編集＞をクリックします。

メモ 日付と時刻の設定

手順6で＜自動更新＞をクリックすると、プレゼンテーションを開いた日付と時刻が自動的に表示されます。
任意の日付や時刻を入力するには、＜固定＞をクリックし、その下のボックスに日付や時刻を入力します。

ヒント スライドの編集画面に戻るには？

印刷設定画面から、スライドの編集画面に戻るには、ウィンドウ左上の◉をクリックします。

Section 107 発表者ツールを使ってスライドショーを実行する

覚えておきたいキーワード
- 発表者ツール
- スライドショー
- プロジェクター

作成したスライドを1枚ずつ表示していくことを「スライドショー」といいます。パソコンを利用してプレゼンテーションを行う場合、一般的にはプロジェクターを接続します。また、発表者ツールを利用すれば、発表者はスライドやノートなどをパソコンで確認しながらプレゼンテーションを行えます。

1 発表者ツールを実行する

キーワード　発表者ツール

「発表者ツール」とは、スライドショーを実行するときに、パソコンに発表者用の画面を表示させる機能のことです。スライドやノート（Sec.102参照）、スライドショーを進行させるための各ボタンが表示されます。
発表者ツールを利用せずにスライドショーを実行する場合は、＜スライドショー＞タブの＜発表者ツールを使用する＞をオフにします。

1 パソコンとプロジェクターを接続し、
2 ＜スライドショー＞タブをクリックして、

3 ＜発表者ツールを使用する＞をオンにします。

2 スライドショーを実行する

ヒント　スライドショーの設定を行うには？

あらかじめ設定しておいたナレーション（Sec.103参照）や、スライドの切り替えのタイミング（P.94、P.262参照）を使用してスライドショーを実行する場合は、＜スライドショー＞タブの＜ナレーションの再生＞や＜タイミングを使用＞をオンにします。

1 ＜スライドショー＞タブをクリックして、

2 ＜最初から＞をクリックすると、

270

3 スライドショーが実行されます。

プロジェクターから
スライドショーが投影されます。

パソコンには発表者ツールが
表示されます。

> **ヒント** スライドショーを進行するには？
>
> スライドショーを進行する方法については、Sec.108を参照してください。

> **ヒント** プロジェクターに発表者ツールが表示される
>
> プロジェクターに発表者ツール、パソコンにスライドショーが表示される場合は、発表者ツールの画面上の＜表示設定＞をクリックして＜発表者ビューとスライドショーの切り替え＞をクリックするか、スライドショー画面で下図の手順に従います。

1 ここをクリックして、

2 ＜表示設定＞をポイントし、

3 ＜発表者ビューとスライドショーの切り替え＞をクリックします。

📝 **メモ** スライドショーの実行

スライドショーを開始する方法は、左ページの手順以外に、F5を押すか、クイックアクセスツールバーの＜先頭から開始＞をクリックする方法もあります。この場合、常に最初のスライドからスライドショーが開始されます。
また、＜スライドショー＞タブの＜現在のスライドから＞またはウィンドウ右下の＜スライドショー＞をクリックすると、現在表示されているスライドからスライドショーが開始されます。

クリックすると、スライドショーが開始されます。

Section 108 スライドショーを進行する

覚えておきたいキーワード
- ☑ スライドショー
- ☑ 発表者ツール
- ☑ 一時停止

リハーサル機能（Sec.104参照）などで、アニメーションの再生やスライドの切り替えのタイミングを設定している場合は、スライドショーを実行すると、自動的にアニメーションが再生されたり、スライドが切り替わったりします。手動でスライドを切り替えるには、画面上をクリックします。

1 スライドショーを進行する

メモ スライドショーの進行

アニメーションの再生のタイミングやスライド切り替えのタイミングを設定していない場合は、スライドをクリックすると、アニメーションが再生されたり、スライドが切り替わったりするので、最後のスライドが終わるまで、スライドをクリックしていきます。
あらかじめアニメーションの再生のタイミングやスライド切り替えのタイミングを設定している場合は、指定した時間が経過したら、自動的にアニメーションが再生されたり、スライドが切り替わったりします。

1 発表者ツールを利用して、スライドショーを開始し、

→ 発表者ツール
→ スライドショー

2 画面上をクリックするか、Space または Enter を押すと、

3 アニメーションの再生が開始されます。

ヒント 前のスライドを表示するには？

前のスライドを表示するには、P を押すか、発表者ツールの をクリックします。

ヒント スライドショーを一時停止するには？

スライドショーを一時停止するには、発表者ツールの ❙❙ をクリックするか、S を押します。▶ をクリックするか再度 S を押すと、スライドショーが再開されます。

4 スライドショーが終わると、黒い画面が表示されるので、

ヒント スライドショーを中止するには？

スライドショーを中止するには、発表者ツールの＜スライドショーの終了＞をクリックするか、Escを押します。

5 スライド上をクリックすると、編集画面に戻ります。

 メモ 発表者ツールの利用

発表者ツールでは、ボタンをクリックしてアニメーションの再生やスライドの切り替え、スライドショーの中断、再開、中止などを行うことができます。また、スライドショーの途中で黒い画面を表示させたり、ペンでスライドに書き込んだりすることも可能です。

Section 109 実行中のスライドにペンで書き込む

覚えておきたいキーワード
☑ ペン
☑ インクの色
☑ インク注釈

スライドショーの実行中に**ペン**を利用すると、スライドに**線を引いたり、文字を書き込んだり**することができます。ペンには、通常のペンと蛍光ペンがあり、また、インクの色を選択することができます。書き込んだ内容は、保存することも可能です。

1 実行中のスライドにペンで書き込む

メモ ペンの選択

ペンを使用する際には、ペンの種類を＜ペン＞または＜蛍光ペン＞から選択します。

メモ インクの色の設定

初期設定では、ペンの色は赤、蛍光ペンの色は黄色に設定されています。手順 4 ～ 6 の操作を行うと、インクの色を設定することができます。

ヒント スライドショー表示の場合は？

スライドショー表示で、ペンを利用する場合は、画面左下の をクリックして、＜ペン＞または＜蛍光ペン＞をクリックします。画面左下のボタンが表示されていない場合は、マウスポインターを動かすと表示されます。

ヒント マウスポインターを矢印に戻すには？

マウスポインターを矢印に戻すには、Esc を押します。

1 発表者ツールを利用して、スライドショーを開始し（Sec.107参照）、

2 ここをクリックして、
3 目的のペンの種類をクリックし、

4 ここをクリックして、

5 ＜インクの色＞をポイントし、
6 目的の色をクリックして、

ヒント 書き込みを削除するには？

書き込みを削除するには、発表者ツールの をクリックして、＜消しゴム＞をクリックし、書き込みをドラッグします。また、＜スライド上のインクをすべて消去＞をクリックすると、すべての書き込みを削除できます。

7 ドラッグすると、スライドに書き込むことができます。

8 スライドショーの最後の画面でクリックし、終了しようとすると、

9 このような画面が表示されるので、

10 ＜保持＞をクリックすると、

メモ 書き込みの保持

スライドにペンで書き込みを行うと、スライドショーを終了する際に書き込みを保持するか確認されます。手順⑩で＜保持＞をクリックすると、次回スライドショーを実行する際にも書き込みを表示することができます。
書き込みを破棄する場合は、＜破棄＞をクリックします。

11 書き込みが保持されます。

ヒント 保持した書き込みの表示／非表示を切り替えるには？

スライドショー実行中に、保持した書き込みの表示／非表示を切り替えるには、発表者ツールの をクリックして、＜スクリーン＞をポイントし、＜インクの変更履歴の表示／非表示＞をクリックします。

Section 110 スライドショー実行時の応用テクニック

覚えておきたいキーワード
- ☑ スライドショーの記録
- ☑ 自動プレゼンテーション
- ☑ 非表示スライド

スライドショーの実行中に、スライドショーを一時停止させ、黒または白の画面を表示することができます。また、スライドの一部を拡大表示したり、任意のスライドに移動したりすることもできます。このセクションでは、スライドショー実行時に便利な機能を紹介します。

1 発表中の音声を録音する

メモ 発表中の音声を録音する

発表中の音声を録音したい場合は、事前にナレーションを録音するときと同じ方法で録音できます。手順❻以降の操作方法については、P.260を参照してください。

1. <スライドショー>タブをクリックして、
2. <スライドショーの記録>をクリックし、
3. <先頭から録音を開始>をクリックします。
4. 記録する項目をオンにして、
5. <記録を開始>をクリックすると、
6. スライドショーが開始されるので、プレゼンテーションをはじめます。

 ヒント 発表者ツールは利用できない

ナレーションの録音を行うときは、発表者ツールは利用できません。

2 スライドショーの途中で黒または白の画面を表示する

1 発表者ツールを利用して、スライドショーを開始し（Sec.107参照）、

2 ここをクリックすると、

3 スライドショーが一時停止し、黒い画面が表示されます。

4 ここをクリックすると、スライドショーが再開されます。

 ヒント スライドショー表示の場合は？

スライドショー表示で、黒い画面を表示するには、Bを押します。再度Bを押すと、スライドショーが再開されます。

 ステップアップ スライドショーの途中で白の画面を表示する

スライドショーの途中でWを押すと、スライドショーが一時停止して白い画面が表示され、再度Wを押すと、スライドショーが再開されます。

3 強調したい部分を拡大表示する

 メモ スライドの拡大表示

スライドを拡大表示するには、発表者ツールの🔍をクリックします。マウスポインターの形が⊕に変わるので、スライド上の拡大したい部分をクリックすると、拡大表示されます。
拡大表示すると、マウスポインターの形が✋に変わるので、ドラッグしてスライドを移動できます。右クリックすると、表示が元に戻ります。

1 発表者ツールを利用して、スライドショーを開始し（Sec.107参照）、

2 ここをクリックして、

3 拡大したい部分をクリックすると、

4 スライドが拡大して表示されます。

5 ここをクリックすると、元に戻ります。

ヒント スライドショー表示の場合は？

スライドショー表示でスライドを拡大表示する場合は、画面左下の🔍をクリックします。マウスポインターの形が⊕に変わるので、スライド上の拡大したい部分をクリックすると、拡大表示されます。
拡大表示すると、マウスポインターの形が✋に変わるので、ドラッグしてスライドを移動できます。
右クリックすると、表示が元に戻ります。

4 特定のスライドに表示を切り替える

1 発表者ツールを利用して、スライドショーを開始し（Sec.107参照）、

2 ここをクリックすると、

3 スライドの一覧が表示されます。

4 表示したいスライドをクリックすると、

5 目的のスライドが表示されます。

メモ スライドの一覧を表示する

発表者ツールのをクリックすると、スライドの一覧が表示されます。表示したいスライドをクリックすると、そのスライドに切り替わります。

ヒント スライドショー表示の場合は？

スライドショー表示で、目的のスライドを表示する場合は、画面左下の◉をクリックします。スライドの一覧が表示されるので、表示したいスライドをクリックすると、そのスライドに切り替わります。

5 スライドショーを自動的に繰り返す

メモ　タイミングを設定しておく

スライドショーが自動的に繰り返し再生されるようにする場合は、アニメーションの再生やスライドの切り替えのタイミングをあらかじめ設定しておきます（P.94、P.262 参照）。

1. <スライドショー>タブをクリックして、
2. <スライドショーの設定>をクリックし、

3. <発表者として使用する（フルスクリーン表示）>をクリックして、
4. <保存済みのタイミング>をクリックし、

5. <Escキーが押されるまで繰り返す>をオンにして、
6. <OK>をクリックします。

ヒント　スライドショーを停止するには？

繰り返し再生されているスライドショーを停止するには、Escを押します。

メモ　スライドショーのヘルプの表示

発表者ツールまたはスライドショー表示で●をクリックし、<ヘルプ>をクリックすると、<スライドショーのヘルプ>ダイアログボックスが表示されます。スライドショー実行時やリハーサル時などに利用できるショートカットキーを確認することができます。

6 必要なスライドだけを使ってスライドショーを実行する

1 スライドショーで表示したくない
スライドをクリックして選択し、

メモ 非表示スライドの利用

プレゼンテーションの特定のスライドを、一時的にスライドショーで表示したくない場合は、非表示スライドに設定します。スライドを削除しなくてもよいので、必要なときにはかんたんに元に戻すことができます。

2 ＜スライドショー＞タブをクリックして、

3 ＜非表示スライドに設定＞をクリックすると、

4 非表示スライドに設定されます。

非表示スライドには、スライド番号に斜線が引かれます。

ヒント 非表示スライドを解除するには？

非表示スライドに設定したスライドを元に戻すには、サムネイルウィンドウで目的のスライドをクリックし、再度＜スライドショー＞タブの＜非表示スライドに設定＞をクリックします。

Section 111 スライドショー実行時のトラブルシューティング

覚えておきたいキーワード
- ☑ タスクマネージャー
- ☑ コントロールパネル
- ☑ 修復

プロジェクターにスライドショーが表示されない、アニメーション効果を設定したのにスライドショーで再生されない、プレゼンテーションファイルが開かないなど、PowerPointを利用しているとトラブルに見舞われることがあります。このセクションでは、いくつかのトラブルの解決方法を解説します。

1 スライドショーが表示されない場合は？

メモ スライドショーを表示するモニターを選択する

プロジェクターからスライドショーが表示されない場合は、はじめにパソコンとプロジェクターが正しく接続されているかどうか確認します。次に、＜スライドショー＞タブの＜モニター＞から、スライドショーを表示させるモニターをクリックして選択します。

1 ＜スライドショー＞タブをクリックして、

2 ＜モニター＞のここをクリックし、

3 スライドショーを表示させるモニターをクリックします。

2 アニメーションが再生されない場合は？

メモ アニメーションを表示しない設定を解除

オブジェクトにアニメーション効果を設定してあるにもかかわらず、スライドショーを実行するとアニメーションが再生されない場合は、アニメーションを表示しない設定になっていることが考えられます。
＜スライドショー＞タブの＜スライドショーの設定＞をクリックし、＜アニメーションを表示しない＞をオフにして、＜OK＞をクリックします。

P.280手順3の画面を表示します。

1 ＜アニメーションを表示しない＞をオフにして、

2 ＜OK＞をクリックします。

3 動画が再生されない場合は？

プレゼンテーションと動画ファイルを
同じフォルダーに保存しておきます。

> **メモ** ppt 形式の場合は同じフォルダーに保存
>
> 旧バージョンのppt形式のプレゼンテーションファイルの場合、挿入した動画はリンク貼り付けになっています。動画ファイルを挿入したあとに、どちらかのファイルを移動すると、リンクが切れて再生できなくなります。プレゼンテーションファイルと動画ファイルは同じフォルダーに保存しておき、移動するときはフォルダーごと移動すると、リンク切れを防ぐことができます。

4 PowerPointが反応しなくなった場合は？

1. タスクバーを右クリックして、
2. ＜タスクマネージャー＞をクリックし、

> **メモ** タスクマネージャーを起動
>
> PowerPointが反応しなくなり、タイトルバーに「（応答なし）」と表示された場合は、左の手順でタスクマネージャーを起動し、PowerPointを強制終了します。

3. ＜Microsoft PowerPoint＞をクリックして、
4. ＜タスクの終了＞をクリックします。

5 PowerPointが起動しなくなった場合は？

 メモ　プログラムの修復

PowerPointが起動しなくなった場合は、コントロールパネルを表示して、＜プログラムのアンインストール＞からOfficeプログラムを修復します。

1 ＜スタート＞を右クリックして、

2 ＜コントロールパネル＞をクリックし、

3 ＜プログラムのアンインストール＞をクリックして、

4 ＜Microsoft Office Professional 2016-ja-jp＞をクリックし、

5 ＜変更＞をクリックします。

 メモ　Officeプログラムの名称

インストールしているOfficeプログラムの種類によっては、手順4で表示されるOfficeプログラムの名称が本書とは異なる場合があります。

Section 111 スライドショー実行時のトラブルシューティング

第9章 プレゼンテーションの実行

6 目的の修復方法をクリックして、

7 <修復>をクリックし、

8 <修復>をクリックすると、修復が開始されます。

ヒント 修復しても起動しない場合は？

Office を修復しても起動できない場合は、Office の再インストールをおすすめします。

6 ファイルが破損していた場合は？

1 目的のファイルをクリックして、

2 <開く>のここをクリックし、

3 <アプリケーションの自動修復>をクリックします。

メモ <アプリケーションの自動修復>で開く

特定のプレゼンテーションファイルが破損して開けない場合は、<ファイル>タブの<開く>をクリックし、<参照>をクリックして<ファイルを開く>ダイアログボックスを表示し、左の手順に従います。

ステップアップ <スライドの再利用>の利用

新規プレゼンテーションを作成して、<ホーム>タブの<新しいスライド>の下部分をクリックし、<スライドの再利用>をクリックします。< PowerPoint ファイルを開く>をクリックして、破損したファイルを選択し、<開く>をクリックすると、新規プレゼンテーションに破損したファイルのスライドを読み込める場合があります。

285

Section 112 オンラインでプレゼンテーションを行う

覚えておきたいキーワード
☑ オンラインプレゼンテーション
☑ リンク
☑ リモート閲覧者

オンラインプレゼンテーションを利用すると、インターネットを経由して、離れたユーザーにもスライドショーをリアルタイムで閲覧してもらうことができます。閲覧には Web ブラウザを利用するので、PowerPoint がインストールされていないパソコンでも可能です。

1 オンラインプレゼンテーションをアップロードする

メモ オンラインプレゼンテーションの利用

オンラインプレゼンテーションを利用して、プレゼンテーションをリアルタイムで配信するには、Microsoft アカウントを取得しておく必要があります。

①<スライドショー>タブをクリックして、

②<オンラインプレゼンテーション>のここをクリックし、

メモ <ファイル>タブの利用

<ファイル>タブの<共有>をクリックして、<オンラインプレゼンテーション>をクリックし、<オンラインプレゼンテーション>をクリックしても、オンラインプレゼンテーションを利用することができます。

ステップアップ 閲覧者がダウンロードできるようにする

オンラインプレゼンテーションの閲覧者がプレゼンテーションをダウンロードできるようにするには、手順③の画面で<リモート閲覧者がプレゼンテーションをダウンロードできるようにする>をオンにします。

③<接続>をクリックすると、

Section 112 オンラインでプレゼンテーションを行う

4 ファイルがアップロードされて、URLが表示されるので、

5 <リンクのコピー>をクリックし、閲覧者にメールなどでURLを通知します。

メモ 閲覧者への通知

ファイルのアップロードが完了したら、閲覧者にメールやメッセンジャーなどで手順4のURLを通知します。
手順5で<電子メールで送信>をクリックすると、Outlookの新規メッセージが作成され、メッセージの本文にURLが自動的に記載されます。
URLを通知された閲覧者は、Webブラウザでリンク先を表示します。

メモ メディアの最適化

サウンドやビデオを含むプレゼンテーションの場合、手順3のあとに右図が表示されることがあります。これは挿入されているメディアファイルがサポートされていないか、ファイルサイズが大きいことが原因です。右の手順に従って、互換性の最適化とメディアの圧縮を行うと、解決できる場合があります。

1 <メディアの最適化>をクリックし、

2 <互換性の最適化>をクリックして最適化を行い、

3 <メディアの圧縮>をクリックし、

4 目的の品質をクリックすると、圧縮されます。

第9章 プレゼンテーションの実行

2 オンラインプレゼンテーションを実行する

ヒント 画面を閉じてしまった?

閲覧者に URL を通知するまでに、誤って手順❶の画面を閉じてしまった場合は、＜オンラインプレゼンテーション＞タブの＜招待の送信＞をクリックすると、再度手順❶の画面が表示されます。

1 ＜プレゼンテーションの開始＞をクリックすると、

2 オンラインプレゼンテーションが開始されます。

発表者の画面

閲覧者の画面

メモ オンラインプレゼンテーションの実行

発表者と閲覧者の準備が整ったら、右の手順でオンラインプレゼンテーションを開始します。スライドショーの実行中は、通常のスライドショーと同様に、発表者ツール（Sec.107参照）を利用することができます。

3 スライドショーが完了すると、編集画面が表示されるので、

4 <オンラインプレゼンテーション>タブをクリックして、

5 <オンラインプレゼンテーションの終了>をクリックし、

6 <オンラインプレゼンテーションの終了>をクリックすると、

7 オンラインプレゼンテーションが終了します。

閲覧者の画面

ステップアップ スライドショー実行中に編集する

オンラインプレゼンテーションでスライドショーを実行しているときに、スライドを編集すると、PowerPointの編集画面に下図のメッセージが表示されます。<再開>をクリックすると、編集内容を更新してスライドショーを再開できます。

<再開>をクリックすると、スライドショーが再開されます。

ヒント 再度スライドショーを実行するには？

オンラインプレゼンテーションで再度スライドショーを実行するには、<オンラインプレゼンテーション>タブの<最初から>をクリックします。
また、<現在のスライドから>をクリックすると、表示しているスライドからスライドショーが開始されます。

メモ オンラインプレゼンテーションの終了

手順6で<オンラインプレゼンテーションの終了>をクリックすると、オンラインプレゼンテーションが終了し、閲覧者との接続が切断されます。

Section 112 メモ レーザーポインター機能の利用

PowerPointのレーザーポインター機能を利用すると、スライドショーの実行中にスライドを強調したい部分を示すことができます。

レーザーポインターの色は、＜スライドショー＞タブの＜スライドショーの設定＞をクリックすると表示される＜スライドショーの設定＞ダイアログボックスで設定することができます（手順❶～❸参照）。

マウスポインターをレーザーポインターに切り替えるには、手順❹～❻の操作を行うか、Ctrlを押しながらスライド上をクリックします。

1 ここをクリックして、

2 目的の色をクリックし、

3 ＜OK＞をクリックします。

4 発表者ツールを利用してスライドショーを実行し（Sec.107参照）、

5 ここをクリックして、

6 ＜レーザーポインター＞をクリックすると、

7 レーザーポインターが表示されます。

8 Escを押すと、矢印に戻ります。

Chapter 10

第10章
プレゼンテーション資料の配布

Section		
	113	プレゼンテーションをPDFで配布する
	114	プレゼンテーションをムービーで配布する
	115	プレゼンテーションパックを配布する
	116	OneDriveに保存してプレゼンテーションを共有する
	117	スマートフォンやタブレットとプレゼンテーションを共有する

Section 113 プレゼンテーションをPDFで配布する

覚えておきたいキーワード
- PDF
- Acrobat Reader
- Microsoft Edge

プレゼンテーションファイルは、PDF形式で保存することができます。PDFファイルは、無料で配布されているソフト「Acrobat Reader」などで表示できるので、PowerPointがインストールされていないパソコンでも閲覧することができます。

1 PDFで保存する

メモ ＜名前を付けて保存＞ダイアログボックスの利用

＜名前を付けて保存＞ダイアログボックスを表示して（P.39参照）、＜ファイルの種類＞で＜PDF (*.pdf)＞を指定しても、プレゼンテーションをPDF形式で保存することができます。

1 ＜ファイル＞タブをクリックして、

2 ＜エクスポート＞をクリックし、

3 ＜PDF/XPSドキュメントの作成＞をクリックして、

4 ＜PDF/XPSの作成＞をクリックします。

5 保存場所を指定して、　**6** ファイル名を入力し、

7 目的の品質をクリックして、

8 ＜発行後にファイルを開く＞をオンにし、

9 ＜発行＞をクリックすると、

10 PDFが作成され、表示されます。

 品質の設定

手順**7**では、PDFの品質を設定することができます。PDFを印刷する必要があるときは＜標準（オンライン発行および印刷）＞をクリックし、オンラインで配布する場合などなるべくファイルサイズを小さくしたいときは＜最小サイズ（オンライン発行）＞をクリックします。

 PDFファイルの表示

Windows 10の場合、既定ではMicrosoft Edgeが起動して、PDFファイルが表示されます。

 オプションの設定

手順**5**の画面で＜オプション＞をクリックすると、＜オプション＞ダイアログボックスが表示され、PDFに変換するスライド範囲や、コメントの有無などの設定を行うことができます。

Section 114 プレゼンテーションをムービーで配布する

覚えておきたいキーワード
- ビデオの作成
- WMV 形式
- MP4 形式

プレゼンテーションファイルは、WMV 形式または MP4 形式のビデオファイルで保存することができます。作成したビデオファイルは、Windows 10 の「映画＆テレビ」などの動画再生ソフトで再生できるので、PowerPoint がインストールされていないパソコンでもスライドショーを実行できます。

1 プレゼンテーションのビデオを作成する

メモ　ビデオの画質の設定

手順④では、ビデオの画質を次の3種類から選択できます。

①プレゼンテーション品質
　もっとも高画質でファイルサイズが大きくなります。解像度は 1920×1080 です。
②インターネット品質
　中程度の画質です。解像度は 1280×720 です。
③低品質
　もっとも低画質でファイルサイズが小さくなります。解像度は 852×480 です。

1 <ファイル>タブをクリックして、

2 <エクスポート>をクリックし、

3 <ビデオの作成>をクリックして、

メモ　タイミングとナレーションの設定

手順④では、プレゼンテーションに設定している画面切り替えのタイミングとナレーションを使用してビデオを作成するかどうかを選択できます。
<記録されたタイミングとナレーションを使用しない>を選択した場合は、下の<各スライドの所要時間（秒）>ボックスで、各スライドの表示時間を指定できます。

4 ビデオの設定を行い、

5 <ビデオの作成>をクリックします。

6 保存先を指定して、

7 ファイル名を入力し、

8 ファイル形式を設定して、

9 ＜保存＞をクリックすると、ビデオが作成されます。

メモ　ファイル形式の設定

手順❽の＜ファイルの種類＞では、ファイル形式を＜MPEG-4 ビデオ（*.mp4）＞または＜Windows Media ビデオ（*.wmv）＞から選択できます。

メモ　保存までの時間

手順❾で＜保存＞をクリックしてから、実際に保存されるまで長い時間がかかることがあります。進行状況はステータスバーで確認できます。

2 ビデオを再生する

1 目的のビデオをダブルクリックすると、

2 動画再生ソフトが起動し、ビデオが再生されます。

メモ　ビデオの再生

Windows 10 の場合、既定ではアプリ「映画＆テレビ」が起動し、ビデオが再生されます。利用するアプリケーションを選択するには、手順❶の画面で目的のビデオファイルを右クリックし、＜プログラムから開く＞をポイントして、目的のアプリケーションをクリックします。

1 ファイルを右クリックして、

2 ＜プログラムから開く＞をポイントし、

3 目的のアプリケーションをクリックします。

Section 115 プレゼンテーションパックを配布する

覚えておきたいキーワード
☑ プレゼンテーションパック
☑ PowerPoint Viewer
☑ CD にコピー

プレゼンテーションパックを利用すると、PowerPoint で作成したプレゼンテーションとリンクしたファイルなどをまとめて CD-R に保存することができます。PowerPoint がインストールされていないパソコンでも、無料ソフトの「PowerPoint Viewer」があれば、スライドショーを実行できます。

1 プレゼンテーションパックを作成する

メモ CD-R への保存

プレゼンテーションパックを CD-R に保存するには、あらかじめ空の CD-R をパソコンにセットしておきます。
また、パソコンに CD-R への書き込み可能な記憶装置が接続または内蔵されている必要があります。

1 <ファイル>タブをクリックして、

2 <エクスポート>を クリックし、

3 <プレゼンテーションパック>をクリックして、

4 <プレゼンテーションパック>をクリックします。

メモ プレゼンテーションパックの保存先

プレゼンテーションパックは、CD-R のほか、ハードディスク上のフォルダーに保存することもできます。
なお、DVD-R には保存することができません。

ヒント フォルダーに保存するには？

プレゼンテーションパックをフォルダーに保存するには、＜プレゼンテーションパック＞ダイアログボックスで＜フォルダーにコピー＞をクリックします。
下図が表示されるので、作成するフォルダー名を入力して、保存場所を指定し、＜OK＞をクリックします。

1 フォルダー名を入力して、

2 保存場所を指定し、

3 ＜OK＞をクリックします。

ステップアップ 複数のファイルを含むプレゼンテーションパック

＜プレゼンテーションパック＞ダイアログボックスの＜追加＞をクリックすると、＜ファイルの追加＞ダイアログボックスが表示され、プレゼンテーションパックに追加するファイルを選択できます。

ステップアップ 複数のプレゼンテーションパックの作成

手順9の画面が表示された状態で空のCD-RをCD-Rドライブに挿入し、＜はい＞をクリックすると、同じ内容のプレゼンテーションパックのCD-Rをもう1枚作成できます。

5 CD-RをCD-Rドライブに挿入して、

6 CD-Rの名前を入力し、

7 ＜CDにコピー＞をクリックして、

8 ＜はい＞をクリックすると、

9 プレゼンテーションパックが作成され、作成が完了すると、CD-Rが排出されます。

10 ＜いいえ＞をクリックして作成を終了し、

11 ＜閉じる＞をクリックします。

2 PowerPoint Viewer をインストールする

キーワード PowerPoint Viewer

「PowerPoint Viewer」は、PowerPointを持っていない人がPowerPointで作成されたプレゼンテーションを表示するための無料アプリケーションです。

利用するには、マイクロソフトのWebサイトからダウンロードして、パソコンにインストールする必要があります。

すでにパソコンにPowerPointがインストールされている場合は、インストールする必要はありません。

1 プレゼンテーションパックのCD-RをCD-Rドライブに挿入し、

2 ＜エクスプローラー＞をクリックして、

3 ＜PC＞をクリックし、

4 CD-Rドライブをダブルクリックすると、

5 Webブラウザが起動し、この画面が表示されます。

6 ＜ビューアーのダウンロード＞をクリックして、

7 言語を確認し、

8 <ダウンロード>をクリックすると、ダウンロードが開始されます。

9 <実行>をクリックして、

10 この画面が表示されたら、

11 <はい>をクリックし、

メモ システム要件の確認

手順**7**で画面を下にスクロールし、<システム要件>をクリックすると、PowerPoint Viewerの利用に必要なシステム要件を確認できます。

メモ PowerPoint Viewerのインストール

左の手順に従うと、PowerPoint Viewer 2007がインストールされます。

PowerPoint Viewerの最新版を入手するには、マイクロソフトのダウンロードセンター（http://www.microsoft.com/ja-jp/download/）にアクセスし、検索ボックスに「PowerPoint Viewer」と入力して検索すると、PowerPoint Viewerに関連するプログラムが検索結果として表示されます。

メモ ライセンス条項の確認

PowerPoint Viewerをインストールするには、ライセンス条項に同意する必要があります。ライセンス条項には、PowerPoint Viewerを利用する上でのさまざまな注意事項が記載されているので、内容を確認しておきます。

12 これをオンにして、

13 <次へ>をクリックすると、インストールが開始されます。

14 インストールが完了すると、この画面が表示されるので、<OK>をクリックします。

3 プレゼンテーションパックを実行する

メモ プレゼンテーションパックの実行

プレゼンテーションパックは、右の手順のほか、P.298手順5の画面で実行するプレゼンテーションパックをクリックしても、実行することができます。

クリックすると、プレゼンテーションパックが実行されます。

1 デスクトップの<スタート>をクリックして、

2 <Microsoft Office PowerPoint Viewer 2007>をクリックすると、

3 PowerPoint Viewerが起動します。

4 使用許諾契約書の内容を確認して、

5 ＜同意する＞をクリックし、

キーワード　使用許諾契約書

「使用許諾契約書」とは、PowerPoint Viewerを使用するにあたって、マイクロソフトと交わす契約書のことです。
PowerPoint Viewerを使用するうえでのさまざまな条件が記載されているので、内容を確認しておきます。なお、次回以降、同じパソコンでプレゼンテーションパックを実行する際には表示されません。

6 目的のファイルをクリックして、

7 ＜開く＞をクリックすると、

8 スライドショーが開始されます。

Section 116 OneDriveに保存してプレゼンテーションを共有する

覚えておきたいキーワード
- OneDrive
- 共有
- PowerPoint Online

マイクロソフトが提供しているオンラインストレージサービス「OneDrive」を利用すると、自分のパソコンで作成したプレゼンテーションファイルをインターネット上に保存して、複数のユーザーと共有することができます。また、「PowerPoint Online」を利用して、Webブラウザ上で編集することも可能です。

1 OneDriveに保存する

🔍 キーワード OneDrive

「OneDrive」は、マイクロソフトが提供しているオンラインストレージサービスで、ドキュメントや写真、動画などのファイルをインターネット上に保存することができます。
なお、OneDriveのサービスを利用するには、Microsoftアカウントを取得する必要があります。

1 <ファイル>タブをクリックして、

2 <名前を付けて保存>をクリックし、　3 <OneDrive-個人用>をクリックして、

📝 メモ OneDriveへのファイルの保存

OneDriveに保存したプレゼンテーションファイルは、Webブラウザから閲覧・表示することができるので、外出先からファイルにアクセスすることも可能です。
また、複数のユーザーと共有することもできます。

4 <OneDrive-個人用>をクリックします。

5 保存先を指定して、
6 ファイル名を入力し、

7 <保存>をクリックすると、OneDriveに保存されます。

メモ 保存先の指定

<名前を付けて保存>ダイアログボックスでは、ファイルを保存するOneDriveのフォルダーを指定します。

2 ユーザーを招待する

1 OneDriveに保存したプレゼンテーションを開いて、
2 <共有>をクリックし、

3 共有するユーザーのメールアドレスを入力して、
4 共有の設定を行い、

5 メッセージを入力して、
6 <共有>をクリックすると、相手にメールが送信されます。

メモ OneDriveを利用した共有

OneDriveに保存したファイルは、メールでファイルへのリンクを送信したり、ブログやWebページ、SNSなどにリンクを貼り付けたりして、相手のユーザーに通知し、共有することができます。

新機能 共有

PowerPoint 2016では、ウィンドウ右上に<共有>が追加されました。クリックすると、このプレゼンテーションで作業しているユーザーを確認したり、共有するための操作を行ったりすることができます。

メモ 共有の設定

手順4では、共有の設定を<編集可能>または<表示可能>から選択できます。

3 共有されたファイルを表示する

メモ　共有ファイルの表示

共有ファイルへの招待メールを受信したら、メールに記載されているリンクをクリックすると、ファイルを表示できます。

1 受信した招待メールを表示して、

2 リンクをクリックすると、

キーワード　PowerPoint Online

「PowerPoint Online」は、無料で利用できるオンラインアプリケーションです。プレゼンテーションを閲覧・編集することができ、他のユーザーとリアルタイムで共同編集を行うことも可能です。

3 共有ファイルが表示され、

メモ　Microsoft アカウントでサインインしていない場合

Microsoft アカウントでサインインしていない場合、手順5で＜ブラウザーで編集＞をクリックすると、手順7の画面が表示されます。

4 クリックすると、アニメーションが開始されます。

5 ＜プレゼンテーションの編集＞をクリックし、

ヒント　PowerPoint で編集するには？

PowerPoint でプレゼンテーションを編集するには、手順6で＜ PowerPoint で編集＞をクリックします。

6 ＜PowerPoint Onlineで編集＞をクリックすると、

7 プレゼンテーションを編集できます。

メモ PowerPoint Online の機能

PowerPoint Onlineには、＜ファイル＞、＜ホーム＞、＜挿入＞、＜デザイン＞、＜画面切り替え＞、＜アニメーション＞、＜表示＞の7種類のタブが用意されています。PowerPoint Onlineは、PowerPoint 2016の一部の機能のみ利用できます。

ステップアップ　共有リンクの取得

共有ファイルにアクセスするための共有リンクを取得することができます。P.303 手順❷の画面で＜共有リンクを取得＞をクリックし、＜編集リンクの作成＞または＜表示のみのリンクの作成＞をクリックすると、それぞれのリンクが表示されるので、＜コピー＞をクリックしてリンクをコピーします。メール作成画面などにリンクを貼り付けて、共有したいユーザーに送信すると、共有ファイルにアクセスできるようになります。

1 ＜共有リンクを取得＞をクリックして、

2 ＜編集リンクの作成＞をクリックすると、

3 編集リンクが表示されるので、

4 ＜コピー＞をクリックします。

Section 117 スマートフォンやタブレットとプレゼンテーションを共有する

覚えておきたいキーワード
- ☑ Android
- ☑ iPhone
- ☑ Windows タブレット

PowerPoint は、iPad、iPhone、Android タブレット、Android スマートフォン、Windows Phone、Windows タブレット用のアプリも用意されており、無料で利用することができます。OneDrive などのオンラインストレージにプレゼンテーションを保存しておけば、外出先でも閲覧・編集することができます。

1 iPhoneでプレゼンテーションを閲覧する

メモ アプリのダウンロード

iPad や iPhone の場合は App Store から、Android タブレットと Android スマートフォンの場合は Google Play から、Windows タブレットの場合は Windows ストアから PowerPoint のアプリをダウンロードできます。

1 iPhoneで「PowerPoint」アプリを起動して、OneDrive（Sec.116参照）から目的のプレゼンテーションを開き、

2 目的のスライドのサムネイルをタップすると、

をタップすると、スライドショーが実行されます（左の「ヒント」参照）。

3 タップしたスライドが表示されます。

ヒント スライドショーを実行するには？

スライドショーを実行するには、手順❸の画面で をタップします。

2 iPhoneでプレゼンテーションを編集する

1 テキストをタップして、

2 をタップすると、

ここをタップすると、タブを切り替えられます（右の「ヒント」参照）。

3 書式設定のコマンドが表示されます。

4 ＜フォントの色＞をタップして、

5 目的の色をタップすると、

6 フォントの色が変わります。

ヒント タブを切り替えるには？

手順3の画面で＜ホーム＞をタップすると、下図が表示され、タブを切り替えることができます。

タブを切り替えられます。

ステップアップ スライドを追加する

新しいスライドを追加するには、手順1の画面で をタップして、目的のスライドレイアウトをタップします。

ここをタップすると、新しいスライドを追加できます。

Appendix 1 テーマやテンプレートの保存

覚えておきたいキーワード
- ☑ テーマ
- ☑ テンプレート
- ☑ ＜名前を付けて保存＞

テーマの配色パターンを変更したり（P.58参照）、スライドの背景に画像を配置したりして（P.60参照）、テーマを編集した場合は、テーマとして保存することができます。また、報告書など、構成が決まっているものは、複数のスライドを作成してテンプレートとして保存しておくと、使い回すことができます。

1 テーマを保存する

 メモ　テーマとして保存する

カスタマイズしたテーマや、変更したスライドマスターは、テーマとして保存すると、何度でも利用することができます。

1. スライドのデザインを編集して、
2. ＜デザイン＞タブをクリックし、

3. ＜テーマ＞グループのここをクリックして、

4. ＜現在のテーマを保存＞をクリックします。

メモ テーマの保存先

テーマの保存先は自動的に＜Document Themes＞フォルダーになります。保存先は変更しないでください。

メモ ファイルの種類

テーマとして保存する場合、＜ファイルの種類＞は自動的に＜Officeテーマ（*.thmx）＞になります。

テーマとして保存したファイルの拡張子は、「.thmx」になります。

メモ ＜テーマ＞の一覧に表示される

保存したテーマは、＜デザイン＞タブの＜テーマ＞の一覧に、＜ユーザー定義＞のテーマとして表示されます。

メモ テンプレートとして保存する

デザインだけでなく、プレゼンテーションの構成も使い回せるようにしたい場合は、テンプレートとして保存します。＜名前を付けて保存＞ダイアログボックスを表示して（Sec.09参照）、＜ファイルの種類＞で＜PowerPointテンプレート（*.potx）＞を選択し、保存先は＜Officeのカスタムテンプレート＞のままにして、保存します。

309

Appendix 2　1枚企画書の作成

覚えておきたいキーワード
- ☑ スライドのサイズ
- ☑ 印刷の向き
- ☑ テキストボックス

1枚企画書をはじめとするビジネス文書は、通常A4サイズで作成します。最初にスライドのサイズをA4の210mm×297mmに設定し、印刷の向きを設定します。次にテキストボックスを作成して文字列を入力したり、表、画像などを配置したりして、企画書を仕上げていきます。

1　スライドのサイズと向きを設定する

メモ　スライドのテーマとレイアウト

1枚企画書の場合、プレゼンテーションのテーマは真っ白な＜Officeテーマ＞（Sec.18参照）、スライドのレイアウト（Sec.20参照）はプレースホルダーの配置されていない＜白紙＞がおすすめです。

A4サイズの縦向きに設定します。

1 新規プレゼンテーションを作成し、

2 ＜デザイン＞タブの＜スライドのサイズ＞をクリックして、

3 ＜ユーザー設定のスライドのサイズ＞をクリックします。

4 ＜スライドのサイズ指定＞のここをクリックして、

5 ＜ユーザー設定＞をクリックし、

ヒント　＜A4＞に設定すると?

手順**5**で＜A4 210×297mm＞をクリックすると、スライドの実際のサイズは210×297mmにならないので、ここでは＜ユーザー設定＞をクリックし、＜幅＞と＜高さ＞の数値を指定します。

6 <幅>に「21cm」、<高さ>に「29.7cm」と入力して、

7 <スライド>の<縦>をクリックし、

8 <OK>をクリックします。

9 ダイアログボックスが表示されるので、<最大化>または<サイズに合わせて調整>をクリックします。

ヒント　横向きにするには？

スライドを横向きにするには、手順7で<横>をクリックします。

メモ　ダイアログボックスが表示される

手順8のあと、P.49の「ヒント」と同じダイアログボックスが表示されるので、<最大化>または<サイズに合わせて調整>をクリックします。

2 テキストボックスや画像などを配置する

1 テキストボックスでテキストを配置し、

2 グラフや図形、画像、表などのオブジェクトを挿入します。

メモ　文字列の入力

文字列は、テキストボックス（Sec.54参照）を作成して配置します。項目ごとにテキストボックスを分けると、グループ化されて見やすくなります。

メモ　余白をとる

スライドの端までオブジェクトを配置すると、見づらくなったり、印刷されなくなったりするので、10mm以上の余白をとるとよいでしょう。ガイド（P.123参照）を表示して余白の目安にすると、オブジェクトを揃えて配置することができます。

メモ　グラフや図形、画像の配置

文字列ばかりの企画書は読みづらく、伝わりづらいので、必要に応じてグラフ（Sec.74～77参照）や図形（Sec.45～57参照）、画像（Sec.79～84参照）、表（Sec.65～71参照）などを配置します。

Appendix 2 ―1枚企画書の作成

311

Appendix 3 リボンのカスタマイズ

覚えておきたいキーワード
- リボン
- タブ
- コマンド

リボンは、新しくタブを追加したり、既存のタブにコマンドを追加したりして、カスタマイズすることができます。リボンのカスタマイズは、＜PowerPointのオプション＞ダイアログボックスの＜リボンのユーザー設定＞パネルで行います。

1 リボンにコマンドを追加する

ヒント　タブを非表示にするには？

特定のタブを非表示にするには、手順❸の画面の右側の一覧で、目的のタブ名をオフにします。

＜ホーム＞タブに＜クイック印刷＞を追加

1. タブを右クリックして、
2. ＜リボンのユーザー設定＞をクリックし、

ヒント　リボンからコマンドを削除するには？

リボンに表示されているコマンドを削除するには、手順❸の画面の右側の一覧で目的のコマンドをクリックし、＜削除＞をクリックします。タブ名やグループ名の左側の⊞をクリックすると、そこに含まれるグループやコマンドが表示されます。

3. ＜メインタブ＞を選択して、
4. ＜ホーム＞をクリックし、

ステップアップ　新しいタブの追加

リボンに新しくタブを作成するには、手順❸の画面で＜新しいタブ＞をクリックします。

左の「ステップアップ」参照。

5. ＜新しいグループ＞をクリックすると、

6 新しいグループが作成されます。

7 <基本的なコマンド>を選択して、

右の「ステップアップ」参照。

8 <クイック印刷>をクリックし、

9 <追加>をクリックすると、

10 コマンドが追加されます。

右下の「ヒント」参照。

11 <OK>をクリックすると、

12 <ホーム>タブに新しいグループと<クイック印刷>が表示されます。

Appendix 3 ▼ リボンのカスタマイズ

ステップアップ タブ名やグループ名の変更

タブやグループの名前を変更するには、左図で目的のタブまたはグループをクリックし、<名前の変更>をクリックします。<名前の変更>ダイアログボックスが表示されるので、新しい名前を入力し、<OK>をクリックします。

メモ コマンドの選択

左図の<コマンドの選択>の をクリックすると、PowerPoint 2016のタブの一覧が表示されます。追加したいコマンドが配置されているタブをクリックすると、その下のリストに、該当するコマンドが表示されます。
目的のコマンドがどのタブに配置されているかわからない場合は、<コマンドの選択>で<すべてのコマンド>を選択します。

ヒント リボンを初期設定に戻すには？

カスタマイズしたリボンを初期設定に戻すには、手順⑩の画面で<リセット>をクリックし、<選択したリボン タブのみをリセット>または<すべてのユーザー設定をリセット>をクリックします。

Appendix 4 クイックアクセスツールバーのカスタマイズ

覚えておきたいキーワード
- クイックアクセスツールバー
- コマンド
- カスタマイズ

クイックアクセスツールバーは、よく使用する機能を登録できる領域です。リボンと違って常に表示されているので、よりすばやく操作できます。PowerPoint 2016で利用できる機能のほとんどは、クイックアクセスツールバーに登録することができるので、使いやすいようにカスタマイズしましょう。

1 クイックアクセスツールバーにコマンドを追加する

メモ クイックアクセスツールバーのカスタマイズ

クイックアクセスツールバーにコマンドを追加するには、<クイックアクセスツールバーのユーザー設定>をクリックすると表示されるメニューから、目的のコマンドをクリックしてオンにします。
メニューに表示されないコマンドをクイックアクセスツールバーに登録する場合は、右の手順に従います。

メモ コマンドの選択

手順4の<コマンドの選択>の をクリックすると、PowerPoint 2016のタブの一覧が表示されます。クイックアクセスツールバーに追加したいコマンドが配置されているタブをクリックすると、その下のリストに、該当するコマンドが表示されます。
目的のコマンドがどのタブに配置されているかわからない場合は、<コマンドの選択>で<すべてのコマンド>を選択します。

1 <クイックアクセスツールバーのユーザー設定>をクリックして、
<名前を付けて保存>の追加
2 <その他のコマンド>をクリックし、
3 <クイックアクセスツールバー>をクリックして、
4 <基本的なコマンド>を選択し、
5 <名前を付けて保存>をクリックして、
6 <追加>をクリックすると、

7 コマンドが追加されます。

ステップアップ クイックアクセスツールバーの移動

初期設定では、クイックアクセスツールバーはリボンの上に配置されていますが、P.314手順❶の画面で＜リボンの下に表示＞をクリックすると、リボンの下に移動することができます。

8 ＜OK＞をクリックすると、

9 クイックアクセスツールバーに＜名前を付けて保存＞が追加されます。

2 クイックアクセスツールバーからコマンドを削除する

1 削除するコマンドを右クリックして、

メモ コマンドの削除

クイックアクセスツールバーに登録したコマンドを削除するには、目的のコマンドを右クリックしてショートカットメニューを表示し、＜クイックアクセスツールバーから削除＞をクリックします。
また、＜クイックアクセスツールバーのユーザー設定＞ をクリックして表示されるコマンドをオン／オフすることでも、コマンドを登録／削除できます。

2 ＜クイックアクセスツールバーから削除＞をクリックすると、

3 コマンドが削除されます。

索引

数字

1行めのインデント	73
1枚企画書	23,310
2段組み	70

英字

Bingイメージ検索	195
Excel	178,192
iPhone	306
Microsoftアカウント	304
Office	20
Officeクリップボード	133
Officeテーマ	25
OneDrive	38,302
PDF	224,292
PowerPoint 2016	20
PowerPoint Online	304
PowerPoint Viewer	298
PowerPointのオプション	120
ppt	39
pptx	39
SmartArt	150
SmartArtにアニメーションを設定	240
SmartArtに図形を追加	154
SmartArtのスタイル	156
SmartArtを図形に変換	160
SmartArtを挿入	152
SmartArtをテキストに変換	159
Word	118
YouTube	212

あ行

アート効果	202
アウトラインからスライド	118
アウトライン機能	106
アウトライン表示モード	31,107,120
明るさ	200,218
新しいスライド	62
圧縮	287
アニメーション効果	90,232
アニメーション効果の繰り返し	238
アニメーション効果の種類	233
アニメーション効果の設定	232
アニメーション効果の方向	233
アニメーションの軌跡	246
アニメーションのコピー/貼り付け	250
アニメーションの再生順序	233
アニメーションの再生順序を変更	239
アニメーションの再生タイミング	234
アニメーションの速度	235
アプリケーションの自動修復	285
印刷	264
印刷範囲	265
印刷プレビュー	266
インデント	72,112
インデントマーカー	73
埋め込みオブジェクト	224
埋め込みコード	213
上書き保存	38
閲覧表示モード	31
オーディオ	208
オブジェクト	224
オブジェクトの選択と表示	145
折りたたみ	114
音楽を挿入	208
オンライン画像	195
オンラインビデオ	212
オンラインプレゼンテーション	286

か行

改行	51,111
ガイド	123
拡大表示	278
拡張子	39
箇条書き	75
下線	55
画像	60,84,194
画像の背景を削除	204
画像を挿入	194
画像をトリミング	198
画面切り替え効果	90
画面切り替え効果の削除	93
画面切り替え効果のスピード	94
画面構成	28
軌跡	246
既定の図形に設定	162
起動	26
行	164
行間	79
強制終了	283

行頭記号	75	修復	284
行頭の位置を調整	73	終了	27
行の削除	169	新規プレゼンテーションを作成	48
行の高さ	170	図	194
行の追加	168	数式	230
共有	24,303	ズームスライダー	28
共有リンク	305	スクリーンショット	196
曲線	125	図形	122
クイックアクセスツールバー	28,314	図形に合わせてトリミング	199
グラデーション	140	図形の移動	132
グラフ	180	図形の大きさの変更	134
グラフスタイル	190	図形の回転	136
グラフタイトル	184	図形の重なり順	144
グラフにアニメーションを設定	242	図形の既定の書式	162
グラフの軸	188	図形の形状の変更	135
グラフの挿入	182	図形の結合	148
グラフ要素	181,184	図形の効果	141
クリエィティブ・コモンズ・ライセンス	195	図形のコピー	132
繰り返す	37	図形の削除	128
グリッド線	123	図形の種類の変更	135
クリップボード	133	図形のスタイル	25,141
グループ化	149	図形の整列	147
グレースケール	268	図形の追加	154
蛍光ペン	274	図形の塗りつぶし	139
罫線	174	図形の配置	146
結合	148,172	図形の反転	137
効果	69,141,207,219	図形の枠線	138
効果音	95	図形への文字列の入力	142
効果のオプション	91,234	スタイル	55,141,156,165,190,206,219
互換性チェック	39	ステータスバー	28
互換性の最適化	287	図の効果	207
コネクタ	131	図のスタイル	206
コピー	101,132,250	図の挿入	194
コマンド	28,32,312,314	図表	150
コンテンツ	62	スポイト	139
コントラスト	200,218	スマートガイド	147
		スマート検索	44
		スマートフォン	306

さ行

		スライド	29
サウンド	95	スライド一覧表示モード	31,99
サブタイトル	51	スライドウィンドウ	28
サムネイルウィンドウ	28	スライド切り替えのタイミング	262
軸ラベル	185	スライドサイズの縦横比	49
時刻	80,269	スライドショー	270
自動調整オプション	65,70	スライドショーの記録	260,276
シャープネス	201	スライドショーの自動繰り返し	280
斜体	55	スライドショーの中止	273

索引

スライドショーのビデオを作成 … 294
スライドショーのヘルプ … 280
スライドにファイルを挿入 … 224
スライドにペンで書き込む … 274
スライドの移動 … 116
スライドの印刷 … 264
スライドの拡大表示 … 278
スライドの切り替え … 90
スライドのコピー … 101
スライドのサイズ … 310
スライドの再利用 … 285
スライドの削除 … 103
スライドの順序 … 98,116
スライドの挿入 … 62
スライドのタイトル … 64
スライドのテキスト … 65
スライドの背景 … 59
スライドの複製 … 100
スライド番号 … 81
スライドマスター … 82
スライドレイアウト … 82
スライドレイアウトを挿入 … 86
セクション … 104
セル … 164,166
セル内の文字列の配置 … 167
セルの結合 … 172
セルの選択 … 172
セルの分割 … 173
線の種類 … 138
線の太さ … 138
操作アシスト … 25,44
ソフトネス … 201

た行

ダイアログボックス … 32
タイトル … 50
タイトルスライド … 50
タイトルスライドレイアウト … 85
タイトルバー … 28
タイミング … 262
タスクマネージャー … 283
タッチモード … 35
縦書き … 167
タブ … 32,312
タブ位置 … 76
タブマーカー … 77
タブレット … 306
段組み … 70
単純白黒 … 268
段落の配置 … 78
段落番号 … 74
段落レベル … 72,112,238
直線 … 124
データ系列 … 181
データマーカー … 181
データラベル … 186
データを入力 … 183
テーマ … 48,56,308
テキストウィンドウ … 152
テキストの移動 … 117
テキストボックス … 142
テキストをSmartArtに変換 … 158
展開 … 114
テンプレート … 309
動画 … 210
動作設定ボタン … 228
透明度 … 60
閉じる … 40
取り消し線 … 55
トリミング … 198,214

な行

名前を付けて保存 … 38
ナレーション … 260
ノート … 258
ノートウィンドウ … 258
ノートの印刷 … 268
ノート表示モード … 31,259

は行

背景 … 59,204
配色パターン … 58
配置 … 146,167
ハイパーリンク … 196,226
配布資料 … 267
破損 … 285
発表者ツール … 270,273
バリエーション … 49,57
貼り付け … 102
貼り付けのオプション … 102,178,192
左インデント … 73

日付	80,269	ペンの色	174
ビデオスタイル	219	ペンのスタイル	174
ビデオの効果	219	ペンの太さ	174
ビデオの作成	294	ぼかし	207
ビデオの挿入	210	保存	38
ビデオのトリミング	216		
非表示スライド	281		

ま行

マウスモード	35
ミニツールバー	53
メディアの圧縮	287
メディアの最適化	287
文字の影	55
文字の効果	69
文字列の入力	50
文字列の配置	167
元に戻す	36
モノクロで印刷	268

描画モードのロック	129
表紙画像	222
表示モード	30
標準表示モード	30
表の位置	177
表のサイズ	176
表の削除	169
表のスタイル	165
表を挿入	164
開く	42
ファイル名拡張子	39
ファイルを挿入	224
フェードイン／フェードアウト	221
フォント	52
フォントサイズ	53
フォントの色	54
フォントパターン	59
フッター	80,268
太字	55
ぶら下げインデント	73
フリーハンド	125
フリーフォーム	130
プリンターのプロパティ	266
プレースホルダー	29,50
プレースホルダーの位置を変更	89
プレースホルダーの大きさを変更	88
プレースホルダーの挿入	87
プレゼンテーション	20,22,29
プレゼンテーションパック	296
プレゼンテーションを作成	48
プレゼンテーションを閉じる	40
プレゼンテーションを開く	42
プレゼンテーションを保存	38
プログラムの修復	284
プロジェクター	257,271
ブロック矢印	127
ページ番号	269
ヘッダー	268
ヘルプ	44,280
ペン	274

や行

矢印	126
やり直す	36
ユーザー設定パス	248
ユーザーを招待	303

ら行・わ行

ライセンス認証	27
リハーサル	262
リボン	28,32
リボンのカスタマイズ	312
リボンの表示オプション	33
リンク	225,226,229
リンク貼り付け	179
ルーラー	73,76
レイアウト	62
レイアウトの挿入	86
レーザーポインター機能	290
列	164
列の削除	169
列の追加	168
列の幅	170
レベル	72,112,154
録音	260,276
ワークシート	183
ワードアート	66

お問い合わせについて

本書に関するご質問については、本書に記載されている内容に関するもののみとさせていただきます。本書の内容と関係のないご質問につきましては、一切お答えできませんので、あらかじめご了承ください。また、電話でのご質問は受け付けておりませんので、必ずFAXか書面にて下記までお送りください。
なお、ご質問の際には、必ず以下の項目を明記していただきますようお願いいたします。

1. お名前
2. 返信先の住所またはFAX番号
3. 書名（今すぐ使えるかんたん PowerPoint 2016）
4. 本書の該当ページ
5. ご使用のOSとソフトウェアのバージョン
6. ご質問内容

なお、お送りいただいたご質問には、できる限り迅速にお答えできるよう努力いたしておりますが、場合によってはお答えするまでに時間がかかることがあります。また、回答の期日をご指定なさっても、ご希望にお応えできるとは限りません。あらかじめご了承くださいますよう、お願いいたします。

問い合わせ先

〒162-0846
東京都新宿区市谷左内町21-13
株式会社技術評論社　書籍編集部
「今すぐ使えるかんたん PowerPoint 2016」質問係
FAX番号 03-3513-6167

http://gihyo.jp/book/

■お問い合わせの例

FAX

1. お名前
   技術　太郎
2. 返信先の住所またはFAX番号
   03-XXXX-XXXX
3. 書名
   今すぐ使えるかんたん PowerPoint 2016
4. 本書の該当ページ
   270ページ
5. ご使用のOSとソフトウェアのバージョン
   Windows 10
   PowerPoint 2016
6. ご質問内容
   手順2の操作のあと、パソコンに発表者ツールが表示されない。

※ご質問の際に記載いただきました個人情報は、回答後速やかに破棄させていただきます。

今すぐ使えるかんたん PowerPoint 2016

2015年11月15日　初版　第1刷発行

著　者●技術評論社編集部＋稲村　暢子
発行者●片岡　巌
発行所●株式会社 技術評論社
　　　　東京都新宿区市谷左内町21-13
　　　　電話 03-3513-6150　販売促進部
　　　　　　 03-3513-6160　書籍編集部
装丁●田邉　恵里香
本文デザイン●リンクアップ
DTP●稲村　暢子
編集●田中　秀春
製本／印刷●大日本印刷株式会社

定価はカバーに表示してあります。

落丁・乱丁がございましたら、弊社販売促進部までお送りください。
交換いたします。
本書の一部または全部を著作権法の定める範囲を超え、無断で
複写、複製、転載、テープ化、ファイルに落とすことを禁じます。

©2015　技術評論社

ISBN978-4-7741-7696-3 C3055
Printed in Japan